高尾山自然観察手帳

著　新井一郎

CONTENTS ［高尾自然観察手帳・もくじ］

4　〔グラビア〕 高尾山の自然と文化

12　高尾山ってどこ?　● 高尾山へのアクセス

14　高尾山・陣場山の自然

16　高尾山・陣場山の散策路
●高尾山自然研究路　●関東ふれあいの道
●東海自然歩道

28　高尾山の森
●いろいろな森　●樹木図鑑

48　高尾山のすみれ
●すみれの観察　●すみれの一年　●すみれ図鑑

58　高尾山の野草
●スプリング・エフェメラル　●寄生植物　●腐生植物
●シダ植物　●絶滅危惧種

76　高尾山でよくみかける野草
●野草図鑑

84　高尾山の野生動物
●ムササビ　鳥　昆虫図鑑　カエル

96　高尾山の地形・気象

尾山の植物”・“森と動物”・“人と自然”・“森と水”をテーマとし、ところどころに自然解説板も設置され、このルートを歩いているだけでもより深く自然に親しめるようになっています。このほか、山麓から山頂へのびる稲荷山尾根のコースも、自然研究路と同じように解説板も設置され、整備されています。

関東ふれあいの道（首都圏自然歩道）

関東地方の一都六県をぐるりと一周する長距離自然歩道で、高尾山から陣場山に至る高尾山区域には、①「湖のみち」(梅の木平～三沢峠～大垂水峠～小仏城山～一丁平～高尾山～高尾山口）と、②「鳥のみち」(高尾山口～高尾山～小仏城山～小仏峠～景信山～陣場山～陣馬高原下）の、2コースが設定されています。

東海自然歩道

東海自然歩道は、「明治の森高尾国定公園」と、大阪の「明治の森箕面国定公園」を結ぶ、総延長1697.2kmの長距離自然歩道です。コースは、じかに自然に触れ、埋もれがちの貴重な文化財に出合うことを条件に選定されたもので、高尾山周辺地域では、高尾山麓の自然研究路1号路入口を起点に、高尾山頂を越えて小仏城山、さらに相模湖へ向かって続いています。

自然研究路1号の入口は東海自然歩道の起点でもある

小仏峠は小仏城山から景信山へと関東ふれあいの道が通る

1号路　高尾山の自然と歴史

3.8km　登り1時間40分　下り1時間30分

麓から山頂へと続くこのコースは、「表参道」とも呼ばれ、途中には薬王院の伽藍があります。“高尾山の自然と歴史”をテーマとしたこのコースは、高尾山の自然に親しむためのメインルートともいえ、その自然の豊かさを実感できます。都天然記念物の杉並木や薬王院の周辺は、ムササビ(→86p)のねぐらとなる大木が多く、夜になるとその姿を見ることができます。薬王院を過ぎると山頂までわずかです。1号路の入口は、大阪まで続く東海自然歩道(→17p)の起点にもなっています。

東海自然歩道でもある1号路は、薬王院まで石畳などの舗装された道が続く

薬王院の境内が始まる浄心門では、3号路、4号路が分かれる

薬王院への最後の登りは、緩やかな坂の女坂(写真右)と階段の男坂(写真左)に分かれる

薬王院の大本堂

ビジターセンターや茶店の立ち並ぶ山頂

2号路　高尾山の森

0.9km　一周30分

1号路をはさんで高尾山中腹の南・北斜面を短時間で一周できるようにつくられたこのコースは、“高尾山の森”をテーマとして、南斜面にカシ林（常緑広葉樹林）、北斜面にイヌブナ林（落葉広葉樹林）という、高尾山の森を代表する自然林を見ることができます。2つの森は好対照な四季の変化を見せてくれます。南側には琵琶滝へ、北側には蛇滝への道が分かれます。

コンパクトに高尾の森を知ることができる

3号路　高尾山の植物

2.4km　登り1時間、下り50分

南斜面を巻くようにして山頂へとのびるこのコースは、カシ類やヤブツバキのような常緑広葉樹の森（→30p）が続き、高尾山ではめずらしいタブノキ・スダジイ・カゴノキなども見られます。冬でも南斜面のために暖かく、ヤブツバキの花の蜜を吸いにきたヒヨドリやメジロをはじめ、いろいろな野鳥に出会えます。夏もにぎやかな野鳥のさえずりやセミの声が聞こえてきます。

常緑広葉樹の森を進む

4号路　森と動物

1.5km　登り50分、下り40分

北側斜面を巻いていくこのコースは、イヌブナを主に、ブナ、アカシデ、カエデ類などの落葉広葉樹の森（イヌブナ林）が続き、尾根筋ではモミ林も見られます。イヌブナ林は、初夏の新緑や秋の紅葉だけでなく四季を通じて楽しめ、昆虫や野鳥などもよく見られるところです。途中には吊り橋の「みやま橋」があり、初夏にはオオルリやクロツグミなどのきれいなさえずりも聞こえてきます。みやま橋を過ぎると道は急になりますが、すぐにゆるやかな尾根道に出ます。

イヌブナの新緑が美しい

ところどころに解説板がある

5号路　人と自然

0.9km　一周30分

人と自然はお互いに深いかかわりをもっています。山頂付近を一周するこのコースは人の手で植えられたクヌギ・コナラ・カシワなどや、江戸時代の代官・江川太郎左衛門が植えた江川杉と呼ばれるスギ植林、それにヒノキやカツラの植林が見られます。

起伏が少なく歩きやすい

6号路　森と水

3.3㎞・登り1時間30分、下り1時間10分

前の沢と呼ばれる渓流に沿ったコースで、水辺の生き物を観察することができます。初夏には、オオルリやキビタキのさえずりが響き、トンボやチョウが飛び、チドリノキ、コクサギ、ハナイカダなど、ちょっと変わった植物も見られます。途中には琵琶滝の水行道場があったり、高尾山を形づくる岩石の露頭が見られ、地質の観察もできます。また、5月下旬にはスギの大木の枝に着生したセッコクの花が咲きます。

前の沢の流れ

コース中には石仏など修験道に関わるモニュメントも多い

稲荷山尾根　雑木林の道

3.1㎞・登り1時間30分、下り1時間10分

山麓のケーブルカー清滝駅の近くから、薬王院のある尾根の南側を高尾山頂へとのびているのが、稲荷山尾根です。雑木林が多く、陽当たりがよいので、冬でも楽しいコースです。コナラ、クリをはじめいろいろな落葉樹からなる雑木林に、カシ類などの常緑樹も加わり、植物の種類が多く、花や実を楽しみながら歩けます。秋から冬にかけては、ドングリや紅葉、落ち葉、冬芽、野鳥の観察もできます。

雑木林の道が続く

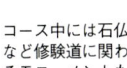

高尾山を取り巻く地域

高尾山山頂より西の地域は、奥高尾と呼ばれています。一丁平、城山(小仏城山)そして小仏峠へとのびる尾根道は、東海自然歩道や関東ふれあいの道ともなっています。

高尾山を取り囲んだ隣接地域も、いろいろと自然が楽しめるところです。高尾山の北麓を流れる小仏川流域が、裏高尾です。小仏川下流の梅郷から始まり、上流へ小仏峠までの谷の途中でいくつかの支流に分かれ、南側には蛇滝から高尾山に向かう行の沢と、日影から小仏城山に向かう日影沢、北側には東西にのびる小下沢と北高尾山稜があります。

また、甲州街道(国道20号)をはさんで、高尾山口駅の東側には東高尾山稜が南北にのび、南側には南高尾山稜が東西にのびています。

裏高尾　小仏川流域・日影周辺

高尾山の北側、裏高尾の小仏川やその支流の日影沢に沿っては、自然研究路とはまたちょっと違った感じのするコースが伸びており、山麓部だけでも自然観察やハイキングを楽しむことができます。

小仏川に沿って高尾梅郷を通る遊歩道は、ウメはもちろん、早春から秋までいろいろな花を見ながらゆっくりと歩ける道です。水辺ではカジカガエルが鳴き、カワセミが見られることもあります。

カツラ植林のある日影から、日影沢に入って、高尾森林センターの日影沢キャンプ場までの沢沿いには、春のスプリング・エフェメラル(→58p)やすみれ(→48p)から始まり、ツリフネソウやキクの仲間が咲く秋まで、植物観察に人気のある道です。

小仏川に咲くダンコウバイ

日影沢のニリンソウ

102 高尾山の展望

106 高尾山の歴史
- 薬王院

110 高尾山の施設
- 高尾ビジターセンター
- ケーブルカー・リフト

113 月別おすすめ自然観察コース
- 1月 高尾山初詣と常緑樹の森
- 2月 陽だまりの雑木林
- 3月 早春の裏高尾・山麓歩き
- 4月 高尾山の新緑
- 5月 セッコクの花咲く渓流の道
- 6月 さえずり響く森
- 7月 ヤマユリ咲く尾根道
- 8月 涼しい沢沿いの道
- 9月 秋草咲く南高尾山稜
- 10月 秋の花咲く尾根道
- 11月 紅葉の森
- 12月 紅葉と落ち葉の東高尾山稜

138 高尾山ガイドマップ
高尾山自然研究路・高尾山周辺・陣場山周辺・南高尾山稜

145 高尾データブック
146 すみれごよみ
147 鳥ごよみ
148 薬王院年間行事
150 高尾山を知るための本
152 問い合わせ先一覧

154 索引
159 参考文献・資料

多くの人に

大自然

イヌブナ林の四季
SPRING
SUMMER

AUTUMN
WINTER

植物たち

愛される高尾山

身近に広がる

の 競 演

高尾山ってどこ？

高尾山は、東京都八王子市にある山です。高尾山を広く捉えれば、神奈川県相模原市と東京都八王子市の境界に位置し、大きな地形では、関東山地の南東端にあたります。

クルマで移動する方には、よく渋滞することでなじみの深い「小仏トンネル」のあるところといったほうが分かりやすいかもしれません。ＪＲ中央本線や中央自動車道が東京を出発して初めて山間に入るところが、高尾山なのです。

高尾山へのアクセスは？

高尾山へは右の図ように、電車やバスといった公共交通機関でのアクセスが便利です。新宿から京王線やＪＲ中央線で高尾駅までは、わずか1時間足らず。高尾山のケーブルカーやリフトがあり、薬王院の門前町として栄える高尾山口へは、高尾駅から1駅で京王高尾線にアクセスすることができます。

さらに、高尾山北麓の自然が豊かなエリアである裏高尾へは、高尾駅北口から小仏行きのバスでアクセスできます。バス便も少なくなく、シーズンの週末にもなると、長い行列ができ、臨時便も運行されます。

南高尾や奥高尾へのアクセスには、八王子駅から高尾駅前、高尾山口駅を経由し、相模湖駅までのバスが便利です。ただし、便数が多くないため、事前によく調べておかなくてはなりません。

陣場山エリアへは、ＪＲ中央本線で高尾から2つ先の藤野駅から、和田バス停までのバスが運行されているほか、高尾駅北口から陣場山北東麓の陣馬高原下行きのバスも運行されています。

高尾山の東麓、高尾山口駅から徒歩5分ほどで、高尾登山電鉄のケーブルカーやリフトに乗ることができます。それらを利用すれば、標高472mまで運んでくれ、薬王院まで徒歩15分ほど、山頂までも徒歩40分ほどで到着できます。

このように、交通機関がよく発達している高尾山エリアでは、目的に応じて、うまく交通機関を使い分けすることが、自然散策の楽しみを満喫するための秘訣です。

高尾陣場アクセス図

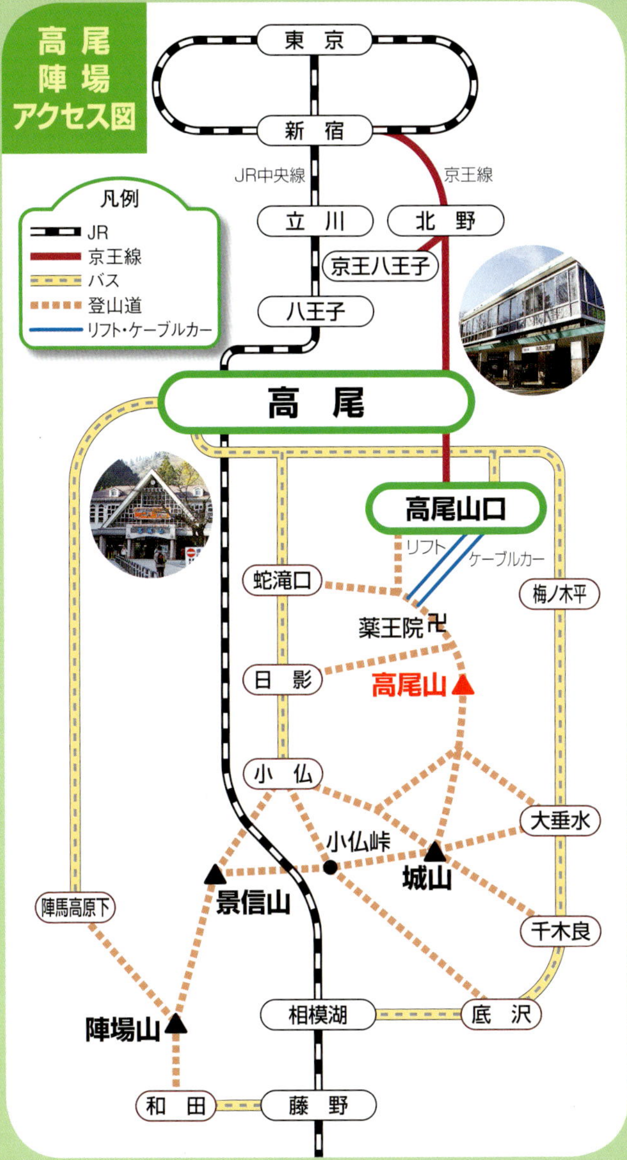

東京
新宿
JR中央線
京王線
立川
北野
京王八王子
八王子
凡例
JR
京王線
バス
登山道
リフト・ケーブルカー
高尾
高尾山口
リフト
ケーブルカー
蛇滝口
梅ノ木平
薬王院
日影
高尾山
小仏
大垂水
小仏峠
城山
景信山
千木良
陣馬高原下
陣場山
相模湖
底沢
和田
藤野

多くの人を集める東京の名山、高尾山

高尾山の自然

東京都には、標高2018mの雲取山を最高峰として、1000m以上の山々が続く奥多摩があります。高尾山はその南東部、関東山地の端にある標高599mの山です。奥多摩にくらべればとても小さな山ですが、東京都の中では自然が豊かで、変化に富んでいます。

常緑広葉樹、落葉広葉樹、針葉樹など、様々な樹木が育ち、多様な森が作られています。さらに、その環境に適応して、多種多様な植物たちが生育し、足元や木の上に、可愛らしい花々を咲かせます。昨今「すみれの山」としても知られるようになりましたが、すみれがひとつの山で20種ほども見られることも、大きな特徴です。

さらに、身近にある自然という立地条件にも恵まれ、数多くのハイキングコースが整備されていることも、多くのハイカーや観光客に愛される所以です。高尾山の入門コースとも言える自然研究路をはじめ、陣場山へと続く自然豊かなエリアには、縦横に散策路が整備され、季節や自然環境によって、いつも違う顔を見せてくれるのです。

高尾山には豊かな自然が残っています。植物たち、動物たち、さらには独特の気象条件まで、高尾山の自然から学べることは、たくさんあるのです。歩くたびに、新鮮な出会いや発見があります。この本を端緒に、高尾山の豊かな自然を読み解くいろいろなキーワードを見つけてください。

明るい雰囲気の陣場山

陣場山（陣馬山）の自然

東京都八王子市と神奈川県相模原市との境に位置する陣場山(855m)も、関東山地の南東部分の一角にあり、都立高尾陣場自然公園として高尾山とともに親しまれている山です。ただ、観光客の姿は高尾山ほど多くはなく、ハイカーのエリアと言っても過言ではありません。草原となるなだらかな山頂部分は、高尾山では見られない趣で、一味違った自然環境を味わうことができるエリアです。

高尾山よりも標高が250m以上も高く、日本の森林帯から見ると、山頂周辺は冷温帯に属する落葉広葉樹林の下部に位置しますが、山頂には草原が広がり、その周りは雑木林やスギ・ヒノキ植林となって、高尾山のような自然林は見られません。それでも、雑木林の樹木には、ミズナラ・カシワ・マンサクといった、高尾山ではほとんど見られないものがあります。それと、高尾山とはだいぶ違うのは、広く草原があるため、山地の向陽地を好む野草が多いということです。

高尾山と尾根続きであることや、2山を結んで歩くこともできることから、本書では陣場山エリアも含めた大きな意味でのエリアを取り扱っています。

陣場山に咲く
ゲンジスミレ

高尾山から陣場山への散策路

高尾山・陣場山の散策路

高尾山から陣場山にかけての一帯は、関東山地南東端の部分にあたります。この地域の山々は、標高がそれほど高くない低山ですが、多様な自然が広がっていて人気があり、**都立高尾陣場自然公園**に指定されています。都心部からの交通の便もよいため、日帰りの山歩きが楽しめるコースがいろいろ設定されています。

なかでも高尾山は、**明治の森高尾国定公園**に指定され、6コースの高尾山自然研究路をはじめ、稲荷山尾根やいろはの森など、いくつものコースが整備されていますし、東海自然歩道や関東ふれあいの道（首都圏自然歩道）の起点にもなっています。

そのほか、陣場山の山頂が東京都と神奈川県との境になっているので、**神奈川県立陣馬相模湖自然公園**にも指定されていて、高尾山、陣場山の双方から整備が進んでいます。

高尾山自然研究路

昭和42年（1967）、高尾山は明治の森高尾国定公園に指定されました。それにあわせて、高尾山の豊かな自然を生かし、学べるように、「森林への招待」を基本テーマとして6つの高尾山自然研究路が整備されました。各自然研究路は、それぞれのコースで見られる特徴ある自然により、“高尾山の自然”・“高尾山の森”・“高

1号路は途中で男坂と女坂に分かれる

いろはの森は日影沢キャンプ場脇から始まる

いろはの森

いろはの森は、高尾山北麓の日影沢キャンプ場脇から、高尾山頂手前で1号路に合流するところまでに設定されたコースで、頭文字が“い・ろ・は・に・……”にあたる樹木を楽しみながら歩けます。なかには標準和名でなく、俗名をあてた木や、このコースには自生していないために植えられたものもありますが、“い”から“ん”まで、必ずどこかで出会うことができます。

整備された歩道で歩きやすい

日影沢林道

日影沢は小仏川の支流で、カツラ植林のある日影から小仏城山へと向かう谷を刻んでいます。大部分はスギ・ヒノキの植林が広がる谷ですが、日影沢キャンプ場の少し先までは、幅広く明るい水辺の林もあります。南から西方へと道が曲がるあたりから谷は狭くなり、沢沿いの道も少し急になっていきます。途中のゲートからはカーブの続く舗装道となり、NTT無線中継所のある小仏城山に出ます。

スプリング・エフェメラルのアズマイチゲ

夏の日影沢の流れ

小仏城山（奥高尾縦走路）

小仏城山からの高尾山

サクラのきれいな縦走路

小仏城山は、奥高尾と呼ばれる高尾山から小仏峠への尾根では一番高く、標高670mの山です。ここからの展望は抜群で、都心方面や相模湖、丹沢山塊、富士山などを眺めることができます。山頂は芝地の広場となって、茶店が立っています。また、NTT無線中継所のパラボラアンテナは、遠くからでもこの山の目印になっています。関東ふれあいの道は大垂水峠方面から県境尾根沿いにこの小仏城山へ、そして尾根伝いに北西へ、小仏峠・景信山、そして陣場山へと続きます。東海自然歩道は、ここから東京都を離れ、南に神奈川県の相模湖へと下って行きます。

小《こ》下《げ》沢《さわ》

小下沢（木下沢）は、小仏川の支流のひとつで、日影沢とは対称的に、北側を東西に刻んでいる谷です。中央自動車道をくぐり木下沢梅林から少し下ると、西へと向かう沢沿いの道となります。ここも多くはスギ・ヒノキの植林となっていますが、渓流沿いの道端や水辺には、ハナネコノメをはじめいろいろな花が咲きます。キャンプ場跡地の広場は、ザリクボと呼ばれる所で、ここから南へと向かう沢から尾根に出て景信山へ、北に向かう北高尾山稜へとそれぞれの登り口にもなっています。ザリクボからさらに奥に進むと、急崖もある深い谷となって、関場峠へと続きます。

林道入口の木下沢梅林

北高尾山稜

北高尾山稜は、小下沢の北側を東西に伸びている尾根です。八王子城山から西へ富士見台、そして小下沢の北側を堂所山まで続いています。アップダウンが続くきつい尾根ですが、途中で南側の小下沢や北側の夕やけ小やけふれあいの里へも下ることができます。八王子城山周辺は常緑広葉樹林、富士見台から西はスギ・ヒノキ植林に雑木林の混じる尾根道です。

東高尾山稜

京王線高尾山口駅の近くから、甲州街道(国道20号)をはさんで高尾山とは反対側を北から南へ峯の薬師方面へとのびる尾根が、東高尾山稜です。植林もありますが、雑木林が多く、明るい尾根道が続いています。高尾山にくらべ人が少ないので、いろいろな木々を観察しながらの静かな山歩きができます。途中、南浅川の梅ノ木平や町田市の大地沢へと下る分岐もあります。

南高尾山稜

高尾山の南、東京都と神奈川県の境を東西にのびる南高尾山稜は、雑木林の多い明るい尾根道が続き、その北側の榎窪沢や入沢・中沢などの沢沿いの道を合わせて、冬でも自然観察を楽しめるコースです。榎窪沢入口の梅ノ木平は、カタクリやヤマブキソウの群生地としてよく知られていますが、その先の榎窪沢に沿う三沢峠への道は、春から秋までいろいろな花が見られますし、夏鳥のさえずりもよく聞こえてくるルートです。

向かいに高尾山の尾根がのぞく

榎窪沢の林道

景信山・陣場山へと続く地域

高尾山から西方の小仏城山よりさらに奥には、高尾山同様に人気のある景信山と陣場山が控えています。どちらの山も、山頂が開けていて展望がよく、ハイキングに向く山です。

小仏城山から景信山、陣場山へと続く道は、東京都八王子市と神奈川県相模原市との都県境尾根を通っています。雑木林やスギ・ヒノキの植林が続くこのコースは、関東ふれあいの道（首都圏自然歩道→17p）でもあり、1㎞ごとに道端に里程標があって、そこがどのあたりなのか、前後の距離で表示されています。コース名称となっている“鳥のみち”は、景信山から陣場山にかけて生息する鳥の種類が多いことからつけられたものです。

景信山（かげのぶやま）

高尾山から陣場山への縦走路のほぼ中間に位置するのが景信山（727m）です。

ここへは、高尾山方面や陣場山方面から尾根伝いのコース、小仏のバス停から直接山頂へ向かう景信山登山口と、小仏峠経由の2つのコース、それに小下沢のザリクボからのコースがあります。サクラの多い山頂は南面と東面が開け、高尾山方面の眺めがいい所で、茶店も2軒あります。

景信山山頂は高尾山から東京方面の展望が開ける。

高尾山頂付近から見た景信山。ピラミッド型の山頂が目立つ。

陣場山（陣馬山）

陣場山(855m)は、東京都八王子市と神奈川県相模原市との境に位置しています。

この周辺の山には珍しく、山頂付近が高原状のなだらかな起伏をもって広がっています。陣場山の自然は、森で覆われた高尾山とはだいぶおもむきが違い、モミ・スギ・ヒノキなどの大木もなく、広くカヤト(ススキの原)が残されてきましたが、現在は芝地のところが多くなっています。

高尾山地域ではほとんどないような陽当たりのよい草原には、そのような環境を好む野草がいろいろ見られます。

山頂からは、富士山をはじめ、丹沢山塊・道志山塊・大菩薩連嶺・奥秩父や奥多摩の山々、さらに東京方面から相模湾など、360度の視界が開けたすばらしい展望です。

草原状の山頂は展望がすばらしい。シンボルの白馬像が立つ

美しい春の陣場山

(右)晩秋の山頂から遠く山並が広がる
(左)ヤマザクラ咲く山頂からの展望

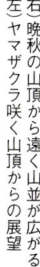

高尾山の森

守られてきた美しい森

高尾山は比較的小さな山ですが、豊かで変化に富んだ自然が広がり、いろいろな森が見られます。この美しい森がずっと昔から存続してきたのはどうしてなのでしょう。一つには、奈良時代から山岳信仰の霊場として、山全体が大切に守られてきたことによります。中世以降は、その戦略上からも代々の領主によって森林が保護され、その後も江戸時代の幕府直轄、明治以降の御料林、戦後の国有林、とさまざまな形で森が保護されてきました。そして現在は、都立高尾陣場自然公園および明治の森高尾国定公園に指定され、特別鳥獣保護区・風致保安林・自然休養林などとしても保護されています。今後も自然破壊などなく永く存続してほしいものです。

森のいろいろ

変化に富んだ自然が見られるのには、もう一つ理由があります。それはいろいろな森があるということです。標高599mのこの小さな山が、日本の森林帯から見ると、**暖温帯**の常緑広葉樹林から、**冷温帯**の落葉広葉樹林へと移り変わろうとするところに位置するからなのです。そのために植物の種類が多く、そこに暮らす昆

常緑広葉樹林 p30

落葉広葉樹林 p31

虫・鳥・獣など、動物たちの種類も多いのです。

高尾山の森は、いくつかの異なった自然林からなっています。南斜面と北斜面下部にはカシ類などの**常緑広葉樹の林（カシ林）**が、北斜面上部にはイヌブナやブナなどの**落葉広葉樹の林（イヌブナ林）**が、そして乾いた尾根すじには**針葉樹の林（モミ林）**、沢沿いにはケヤキ・チドリノキ・フサザクラなど水辺を好む樹からなる林**（渓谷林）**が見られます。さらに、これらの自然林に混じって、コナラ・クリなどの**雑木林**、スギ・ヒノキの**植林**もあります。また、山頂付近・前の沢琵琶滝下流・裏高尾日影沢入口にはカツラの植林も見られます。

このように変化に富んだ高尾山の森には、それぞれの環境に応じて、1200種類近くの植物が生育し、たくさんの動物が生息しています。

高尾山から西方の奥高尾といわれる小仏城山や景信山、そして陣場山にかけては、雑木林や植林がほとんどですが、それらの山頂付近などには**草原**も見られます。

渓 谷 林 p33

針葉樹林 p32

雑 木 林 p34

高尾山の常緑広葉樹林（カシ林）

年中いつでも緑の葉をつけている樹木を**常緑樹**と呼びます。その中には、広い葉を持つ広葉樹と、針のような葉を持つ針葉樹があります。常緑広葉樹からなる森は、熱帯から暖温帯まで、暖かい地域に分布しています。

一生同じ葉をつけ続けているわけではなく、初夏に新しい葉が広がる頃に、古い葉を落とします。

高尾山は、暖温帯に位置しており、**常緑広葉樹林**が広く残っています。これが高尾山の特徴であり、その森が貴重であるゆえんです。常緑広葉樹林は**照葉樹林**と呼ばれることもあります。

高尾山の常緑広葉樹林は、南側斜面を中心に見られますが、カシ類が多いので**カシ林**とも呼ばれています。カシ類は、アカガシ・ウラジロガシ・ツクバネガシ・アラカシ・シラカシの5種類が見られ、そのほか、ヤブツバキ・シロダモ・カゴノキ・サカキ・スダジイ・ヒイラギなどいろいろな常緑広葉樹が生えていますが、林の下にはアオキがとても多く見られます。また、北側斜面の中腹より下部にもカシ林の目立つところがあります。関東南部の海沿いに見られるタブノキやクスノキの多い常緑広葉樹林とは、少し違った感じがします。

この森を観察するには、自然研究路1号路、2号路、3号路がいいでしょう。

左から
シラカシ、
アラカシ、
ウラジロガシ、
アカガシ、
ツクバネガシ

うっそうとした常緑広葉樹林

高尾山の落葉広葉樹林（イヌブナ林）

落葉広葉樹は、生育に不適な季節になると、すべての葉を落としてしまう広葉樹のことで、ふつう秋に紅葉し、冬に葉を落とし、春にはまた新しい葉を芽吹かせます。この落葉広葉樹の森が**落葉広葉樹林**で、四季の変化がはっきりしているのが特徴です。

高尾山は、植物帯でいう暖温帯のカシ類を中心とした常緑広葉樹林が広がるところにあたりますが、尾根筋の陽当たりの悪い北斜面は、冷温帯と呼ばれる落葉広葉樹林の茂る地域との境界に近いため、イヌブナを主体とする落葉広葉樹林が広がっています。そのため、この森は**イヌブナ林**とも呼ばれます。

高尾山の落葉広葉樹林は、イヌブナのほか、ブナ・ホオノキ・アカシデ・アサダ・オオモミジ・エンコウカエデ・イロハモミジ・ウワミズザクラなど、いろいろな落葉広葉樹が見られます。特に、東京都では本来標高800mくらいから上部に分布するブナがたくさん生えていることは、とても貴重なことです。ただ温暖化などのために、高尾山のブナは、花が咲き実はついても、発芽能力のないもので、若木が育っていません。また、林の中には、アカガシなどのカシ類やヒイラギ、それにアオキなどの常緑広葉樹が目立つようになってしまっています。

高尾山で落葉広葉樹林を観察するには、自然研究路1号路上部や2号路北側部分、それに北側の山腹を通る4号路がいいでしょう。初夏の新緑や秋の紅葉が美しい森です。

イヌブナの若葉

秋に紅葉が美しいのはこの落葉広葉樹林

高尾山の針葉樹林（モミ林）と植林

針葉樹は、広葉樹に対して、針のような硬い葉をつける樹木をいいますが、ヒノキのように鱗状の葉を持つものもあります。高尾山に見られる**針葉樹**としては、モミ、アカマツ、カヤ、イヌガヤなどが自生のもので、スギ、ヒノキ、ウラジロモミ、カラマツが植えられたものです。そのほか現在では、自生のツガの大木が1本見られ、以前に数本自生していたハリモミは見ることができません。

針葉樹林は、主に針葉樹からなる森で、高尾山では自然林として**モミ林**が広く見られ、30年ほど前に尾根筋で見られたアカマツ林が、今ではほとんど枯れて見られなくなってしまいました。一方、**植林**としては、スギとヒノキの林を高尾山のあちこちで見ることができ、カラマツの小さな植林もわずかにあります。

モミは乾燥しやすく表土も薄い尾根で、他のものよりもうまく生活できる樹木です。そのため、モミは尾根筋を中心に森をつくっています。そこには、ハリギリ、カヤ、ホオノキ、アオキ、ミヤマシキミ、ヤマツツジ、アセビなども見られます。モミ林を観察するには、4号路の尾根筋やいろはの森コースが適しています。

スギ・ヒノキ植林は、ふつう乾燥気味の所にヒノキ林、湿り気のある所にスギ林、といわれますが、必ずしもそうではなく、両種が混じった植林も見られます。ケーブルカー・リフト沿線には北山台杉、5号路には江川太郎左衛門植栽のいわゆる江川杉の植林があります。

尾根筋の自然のモミ森

スギ植林では、春には花粉が大量に飛散する

水辺の森（渓谷林）

谷に沿って細長く広がる特殊な森が**渓谷林**で、フサザクラが多い森、ケヤキが多い森、ミズキが多い森などがあります。谷沿いは湿っていたり、土地が崩れやすかったりと、環境条件が他の場所とは違うので、このような特殊な森になるのでしょう。

渓谷林に見られる樹木としては、フサザクラ、ケヤキ、ミズキのほか、水辺のように湿った所を好む、チドリノキ、オニグルミ、イタヤカエデ、ミツデカエデ、アブラチャン、コクサギ、タマアジサイ、サワアジサイ（ヤマアジサイ）、ハナイカダなども見られます。

水辺の森を見るのには、自然研究路６号路や日影沢、小仏川沿いなどがいいでしょう。葉が深く切れ込まずカエデの仲間に見えないチドリノキ、枝に葉が交互に２枚ずつつくコクサギ、葉の上に花をつけるハナイカダなど、よく観察すると面白い木も見られます。またフサザクラは春早く、葉を開く前に花びらがなく真っ赤な雄しべの束をつけた花を咲かせますが、その花はほんの数日間しか見られません。

カツラも水辺を好む樹木で、奥多摩では渓谷林に自生のカツラをよく見かけますが、高尾山には自生はなく、北高尾にわずかに生えているだけです。裏高尾の日影付近や山頂近く、また前の沢琵琶滝下流などに見られるカツラ林は、植えられた人工林です。カツラもフサザクラと同じように、早春に花びらのない花を咲かせますが（雌雄別の株）、やはり赤いしべが目立つのは数日間だけです。

渓流沿いの森は紅葉も美しい

渓流沿いの新緑

雑木林

雑木林(ぞうきばやし、ざつぼくりん)は、他の森に比べて背が低くなっていることに気づくでしょうか。これは人が古くから薪や炭、肥料などを得るために利用してきた、半自然の森なのです。切り株から萌芽してきたために、何本かの幹が束になって生えています。

25年前後に一度、定期的に伐採が繰り返され、また大部分が落葉樹なので、林床に光が入りやすく、いろいろな草木が生えます。

高尾山に見られる山地の**雑木林**は、クヌギの目立つ武蔵野など平地の雑木林と違い、クリが目立つ林です。

高尾山の雑木林では、たくさんの種類の樹木や草が生えています。主な樹木としては、コナラ、クリ、ヤマザクラ、エゴノキ、アカシデ、イヌシデ、クマシデ、エンコウカエデ、アオハダ、ヤマボウシ、マルバアオダモなどのほか、ガマズミ、コバノガマズミ、ムラサキシキブ、ヤブムラサキ、マルバウツギ、クロモジ、ダンコウバイ、ツクバネウツギといった小さな木々など、いろいろなものが見られます。

雑木林の観察には、稲荷山尾根コースがいいでしょう。そのほか、東高尾山稜や景信山から陣場山にかけての尾根道でも、雑木林を見ることができます。

雑木林は、定期的な伐採が繰り返されるなど、人の管理によって維持されてきた林なので、利用がなくなって放置されるとササ類などが茂ってしまい、違った林になってしまいます。

落葉樹が多いので紅葉が美しい

雑木林は植物の種類が多い

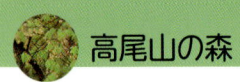

高尾山の樹木図鑑

木の種類を調べるには、その木に備わったものを手がかりにします。葉・花・実・樹形・樹肌・冬芽、それに落ち葉など、季節によってはないものもありますが、まだ手がかりはいろいろあります。木の手がかりをできるだけ集め、見分けてみましょう。ここでは葉と樹肌を取り上げています。

3号路にある樹木解説

常緑広葉樹

サカキ

榊(ツバキ科)

3号路に多く、こげ茶色の幹を真直ぐに立てているので分かりやすい。葉に鋸歯がなく、冬芽は先が曲がる。花は6〜7月。枝葉を神事に使う。

ヒサカキ

非榊・姫榊(ツバキ科)

関東ではサカキの代わりとして神事によく使われる。葉には鋸歯がある。雌雄別株で、春先に咲く花には独特な臭気がある。

ヤブツバキ

藪椿(ツバキ科)

常緑広葉樹林の代表的な低木。3号路などの陽当たりのよいところでは、冬から咲き始めていて、ヒヨドリやメジロが蜜を吸いにきている。

アラカシ

粗樫（ブナ科）

葉の上半部にギザギザがある。葉裏はロウのように白っぽく、葉脈がとび出て目立つ。ドングリはその年の秋に熟す。人手が入った林に多い。

シラカシ

白樫（ブナ科）

丘陵や台地には多く見られるが、高尾山では目立たない。葉裏は白っぽい緑で、葉脈の先が消えそうな感じがする。ドングリはその年の秋に熟す。

アカガシ

赤樫（ブナ科）

幹の肌がうろこ状にはがれて汚く見える。材に赤みが強いのでアカガシ。葉は大きくて柄が長く、ギザギザがない。ドングリは翌年の秋に熟す。

ツクバネガシ

衝羽根樫（ブナ科）

葉が枝の先に集まる様子が、羽根つきの羽根にみえることからの名。葉先にわずかにギザギザがあり、柄は短い。ドングリは翌年の秋に熟す。

ウラジロガシ

裏白樫（ブナ科）

名のように葉裏が白い。葉先は鋭く尖り、ギザギザも鋭い。葉の表面が波打つように見える。ドングリは翌年の秋に熟す。

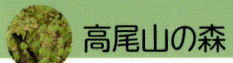

スダジイ

すだ椎（ブナ科）

実が食べられ、シイノキとしてなじみがある。高尾山ではあまり多くないが、3号路で見られる。ドングリは翌年の秋に熟す。

落葉広葉樹

ヤマザクラ

山桜（バラ科）

野生のサクラで、葉の展開と同時に花が咲く。芽吹き始めた森のあちこちに咲く様子は、ソメイヨシノのように派手でないが、高尾山によく似合う。

ウワミズザクラ

上溝桜（バラ科）

小さな白い花が穂となって、試験管を洗うブラシのように見える。秋に側枝が落ちるので、冬に見ると枝が節くれだって目立つ。

イヌブナ

犬橅（ブナ科）

高尾山の落葉広葉樹林を代表する樹木。ブナの樹肌の白さにくらべ黒っぽいので、クロブナとも呼ばれる。幹の根もとにひこばえを出す。

ホオノキ

朴の木（モクレン科）

枝先にとても大きな葉をつける。冬でも大きな落ち葉で、その存在が分かる。花も大きくて目立つが、間近で見るのがむずかしい。

ダンコウバイ

檀香梅（クスノキ科）

高尾山で春早くから咲き出す木のひとつで、葉が開く前に黄色の小さな花の塊をつける。先が山型に浅く三裂する葉は、秋に鮮やかに黄葉する。

クロモジ

黒文字（クスノキ科）

材によい香りがあり、和菓子などに添える楊枝として使われる。黒文字は、暗緑色の樹皮にある黒斑から。秋の黄葉も美しい。

クマシデ

熊四手（カバノキ科）

シデとは、しめ縄につける白い布や紙で作った飾りで、果穂が似ている。葉は細長く、葉脈が多い。樹肌にミミズばれのような模様がある。

アカシデ

赤四手（カバノキ科）

芽吹きの頃、紅色を帯びた雄花の穂がたれ、よく目立つ。また、紅葉も赤く染まってきれいだ、葉は無毛で、先が急に細くなって尖る。

イヌシデ

犬四手（カバノキ科）

アカシデに似て、樹肌が白っぽくて縞模様が目立つ。葉には毛があり、とくに葉柄に多い。葉先が急に細くはならない。

樹木図鑑③

コナラ

小楢(ブナ科)

雑木林の代表的な樹木で、あちこちに見られる。高尾山の1号路にはとても大きなコナラが生えている。葉の形には変化が多い。

ミズキ

水木(ミズキ科)

芽吹きも美しいが、5月の新緑に咲く白い花の塊はいっそう目立ってきれいだ。年ごと階段状に幹を伸ばし、枝を四方に広げる特徴ある姿だ。

ケヤキ

欅(ニレ科)

街路樹など身近なところに植えられ、なじみのある木だ。高尾山でもあちこちに自生しているが、沢沿いに多い。秋は様々な色に紅葉する。

カツラ

桂(カツラ科)

高尾山頂付近、日影沢入口などに植林されている。早春の赤い花や秋の黄葉がきれいだ。カツラ林を歩くとあまい醤油のような香りが漂ってくる。

ヤマウルシ

山漆(ウルシ科)

枝先に羽状複葉の葉を放射状に広げた姿がきれいだが、うっかり樹液に触れると、かぶれてかゆくなるので注意。秋には美しい紅葉が見られる。

チドリノキ

千鳥の木（カエデ科）

切れ込みのない葉や木の名は、カエデの仲間らしくないが、葉は対生し、プロペラ形の実ができる。沢沿いの湿った所を好み、黄葉が美しい。

ウリカエデ

瓜楓（カエデ科）

やさしい感じのする葉は、切れ込まない・3裂する・5裂するものなど、変化が多い。樹肌がマクワウリの果皮に似ているからの名。

オオモミジ

大紅葉（カエデ科）

切れ込んだ葉の縁には細かくそろった鋸歯があり、整った感じがする。4号路に多く見られ、黄・赤・オレンジ色の紅葉が美しい。

イロハカエデ

いろは楓（カエデ科）

イロハモミジやタカオモミジとも呼ばれ、代表的なカエデ。オオモミジと違い葉の縁は不規則なギザギザで、紅葉が美しい。

針葉樹

アカマツ

赤松（マツ科）

最も針葉樹らしい針状の葉をもつ。陽当たりのよい乾燥したところを好み、高尾山では尾根筋に林があったが、現在はほとんど見られない。

樹木図鑑④

カ　ヤ

榧（イチイ科）

モミにくらべ成長が遅いが、寿命が長い。葉は線形で先が尖っている。モミと違い、同じ長さの葉が枝に平面状についているように見える。

イヌガヤ

犬榧（イヌガヤ科）

モミやカヤと違い低木で、葉先が尖ってカヤに似ているが握っても痛くはない。実は翌年に熟すが、なかなか見られない。

モ　ミ

樅（マツ科）

高尾山では尾根筋に多く、モミ林として広がっている。若木の葉先は2裂し、枝に平面状にはつかず、長さも不揃い。成長が早く、腐りやすい。

ス　ギ

杉（スギ科）

高尾山のあちこちに植林されていて、5号路には江戸時代の代官江川太郎左衛門が植林した“江川杉”が見られる。早春、花粉を大量に飛ばす。

ヒノキ

檜（ヒノキ科）

スギと同じように高尾山のあちこちに植林されている。スギの針状の葉に対して、ヒノキはうろこ状の葉。いろはの森に“江川檜”が見られる。

ブナとイヌブナ

主として高尾山の北斜面上部に広がっている落葉広葉樹林に生える木々の中心となっているのが、**ブナ**と**イヌブナ**です。どちらもブナ科ブナ属の樹木で、とてもよく似ていますが、よく見るといろいろ違いがあります。

ブナは寒冷な地域(冷温帯)に分布するもので、東京都では標高800m以上の山に多く見られるものですが高尾山では標高450mあたりから見られます。これは、低温であった江戸時代中期(小氷期)に生まれたブナの生き残りとされています。いろはの森コースには、美しい樹形を持つブナがあります。

イヌブナの方は、ブナよりも標高が低いところ(冷温帯下部)に分布するため、高尾山ではたくさん見られますが、それでも本来の生育地に比べると標高が低いところに生えているといえます。

ブナにもイヌブナにも、毎年でなく不定期に実ができます。ところが高尾山ではブナに実がついても、ほとんど空で発芽できないということが、だいぶ前から知られています。原因は最近の温暖化だといわれていますが、詳しくは分かっていません。

一方、高尾山のイヌブナの実はよく発芽し、豊作の年の冬には、林床で野鳥のアトリの群れが実をついばみ、翌年の春にはあちこちにたくさんのイヌブナの芽生えが見られます。ただ芽生えの大部分は枯れてしまうようです。イヌブナには根もとにひこばえを出す特徴があります。自然研究路の2号路北側や4号路では、たくさんのイヌブナが見られ、ひこばえの様子も見られます。

イヌブナのひこばえ

新緑のイヌブナ林

多雪地の立派なブナ林
(長野県カヤノ平)

ブナとイヌブナ

ブナ（ブナ科）

樹高15～20m。

北海道南部から九州南部まで分布する。樹肌が白いので白ブナとも呼ばれる。葉脈の数は少なく、葉に毛がない

（右）樹形の美しいブナ
（左）ブナの実

イヌブナ（ブナ科）

樹高20～25m。

北上山地から阿蘇山までの太平洋側に分布する。ブナに対し黒ブナと呼ばれる。葉脈は多く、葉裏の脈に毛がある。

（右）イヌブナの大木
（左）イヌブナの実

カエデの観察

カエデの仲間は、秋になると葉を紅や黄に美しく染める、秋の野山を彩る代表的な樹木です。「モミジ」とも呼ばれますが、これは秋に葉が色づく様子を“紅葉づ(もみづ)”と表すことから転じたものです。こういうことから、モミジはカエデの仲間だけでなく、紅葉する木を総称して呼ぶこともあります。

カエデという名は“カエルの手”からきたもので、掌状に切れ込んだ葉の形から名付けられました。ところが、カエデの仲間には、掌状に切れ込んだ葉をもたないものもたくさんあります。葉の形はさまざまですが、どれも枝や葉は2つずつ**向かい合ってつく(対生)**ことがカエデの特徴なのです。

また、カエデの実も2つずつ成り、それぞれ片側に羽があってプロペラ形をしています。また、花には雄花と雌花、両性花がありますが、同じ木に雄花と雌花をつけるもの、どちらかだけのもの、雄花と両性花をつけるものなど種類によっていろいろです。

高尾山では、10種類以上のカエデの仲間を見ることができます。葉が掌状に切れ込んだものには、イロハカエデ(タカオカエデ)、オオモミジ、コハウチワカエデなどがあります。エンコウカエデやウリカエデなどの切れ込み方は少し違って見えます。また、ミツデカエデやメグスリノキの葉は3枚に分かれ、チドリノキの葉は切れ込まないので、カエデのようには見えません。種類を見分けるには、葉の形が手がかりとなります。

種類によっては生えるところに好みがあり、チドリノキ、ミツデカエデ、イタヤカエデは、水辺でよく見かけます。

イロハカエデの花

イロハカエデの実

イロハカエデの紅葉

カエデの観察

1. コハウチワカエデ。イロハカエデに似るがずんぐり。
2. イタヤカエデ。葉の切れ込みが浅くギザギザがない
3. イロハカエデ。最もよく植えられているもみじ
4. ウリカエデ。葉の切れ込みがさまざま
5. ウリハダカエデ。葉が5角形に見える
6. エンコウカエデ。葉が深く切れ込み、柄が長い
7. オオモミジ。緑のギザギザが細かく美しい
8. チドリノキ。葉が切れ込まない
9. ミツデカエデ。葉が3つに分かれる
10. メグスリノキ。葉は3つに分かれ、毛が多い

冬芽《ふゆめ》と葉痕《ようこん》

木々が葉を落とし静かになった冬の高尾山の森は、動きが止まってしまったように見え、自然に親しむのには向いていないと思われるかもしれません。しかし、冬だからこそ面白い観察ができることがあります。

葉を落とした木々には、春に葉や花を開く芽が見られます。この木の芽は**冬芽**(ふゆめ・とうが)と呼ばれていますが、実は夏の頃からすでに用意されているのです。また、落葉樹だけでなく常緑樹にも冬芽があります。

冬芽には寒い冬を越すための工夫がこらされていて、魚のうろこのような芽鱗(鱗片)に包まれ保護されている**鱗芽**(りんが)と、何も着けずにむき出しのままの小さな葉を毛で守っている**裸芽**(らが)があります。

鱗芽には、コナラやツバキのように何枚もの鱗片に覆われたもの、ホオノキのように2枚の鱗片に包まれたものなどがあります。裸芽は、ムラサキシキブやアカメガシワなどに見られます。また、予備の芽(副芽)をつけるものもあります。そのほか冬芽には、花を咲かせる芽(花芽)と葉や若い枝になる芽(葉芽)があります。冬芽は木々によって特徴があるので、冬の樹木を見分ける手がかりとなります。

もう一つ、冬の樹木観察が楽しくなるものに**葉痕**があります。葉痕は字のとおり、葉の落ちたあとで、その形と中に見られる維管束のあとが、動物の顔などに見えてたのしめます。たとえば、オニグルミはヒツジ、カラスザンショウはサル、キハダはピエロのような顔に見えてきます。ルーペ(虫眼鏡)を使って拡大して見ると、いっそう楽しくなるでしょう。

ホオノキ　ダンコウバイ　イヌブナ

ムラサキシキブ

クロモジ

アブラチャン

チドリノキ

サンショウ

カラスザンショウ

クズ

キハダ

オニグルミ

高尾山のすみれ

高尾山がすみれの山と言われるわけ

高尾山は、東京でというだけでなく、日本の中でも**すみれ**の仲間がたくさん見られる山としてよく知られています。春の高尾山を歩くと、あちこちですみれの花に出会い、そのことが実感できるはずです。標高599mの高尾山は、とても小さな山なのにどうしてすみれが多いのでしょうか。

すみれには、乾いた所と湿った所、尾根筋と谷筋、林の中と外、山の中と人家周辺と、種類によって生える場所の好みがあります。一方、すでにふれたように高尾山には、常緑広葉樹林(カシ林)・落葉広葉樹林(イヌブナ林)・モミ林、渓谷林といった多様な自然林のほか、スギ、ヒノキ植林や雑木林、また周辺には人家や田畑があり、非常にさまざまな環境が整っています。また、地形的に見ても、全体に急斜面で、多くの沢が入り込んでいます。このように、高尾山には、変化に富んだ豊かな自然環境が広がっているため、いろいろな種類のすみれたちが見られるというわけなのです。

これまで高尾山とその周辺地域では、**約25種のすみれ**が観察されています。これに違う種のすみれが交配してできた交雑種、葉や花の色変わりなどの品種を加えると、50種類ほどにもなります。このなかには、タカオスミレやコボトケスミレのように、高尾山やその周辺で最初に発見され、名前をつけられたものもあります。

これらのすみれの中にはごく稀にしか見つからないものあるので、私たちがふつうよく見かけるものは20種類くらいでしょう。それでも高尾山は、たくさんのすみれたちが見られる“すみれの山”なのです。

群生するタチツボスミレ(左)と道端に咲くタカオスミレ(右)

高尾山で見つかったすみれ

高尾山はすみれがいろいろ見られる山です。それだけに高尾山とその周辺地域で最初に見つかった（高尾山で採集された標本をもとに名づけられた）すみれも、いくつかあります。

高尾山の名がつけられたタカオスミレがその代表ともいえるでしょう。タカオスミレは、花のときに葉が焦げ茶色をしているもので、緑色の葉を持つヒカゲスミレの品種のひとつです。このほか、交雑種のナガバノアケボノスミレ・フギレコスミレ・フギレナガバノスミレサイシン、色違い品種のコボトケスミレ・シロバナヒナスミレなどもあります。

これらのなかで、タカオスミレやナガバノアケボノスミレは比較的よく見られますが、そのほかのものはなかなか出会うことはありません。

1 タカオカスミレ
花時の葉は焦げ茶色

2 コボトケスミレ
花が純白のアカネスミレ

3 ナガバノアケボノスミレ
ナガバノスミレサイシンとアケボノスミレの交雑種

4 フギレコスミレ
エイザンスミレとコスミレの交雑種

5 フギレナガバノスミレサイシン
エイザンスミレとコスミレの交雑種

すみれの一年を観察してみよう

すみれは、高尾山の春を代表する花のひとつといえます。しかし、すみれは花の咲いている春だけでなく、ほかの季節にも目を向けてみると、いろいろと興味ある姿を見せてくれます。

花の時期を過ぎると、茎をどんどん伸ばしていくもの、違うものかと思ってしまうほど大きな葉を出すものなど、日々姿を変えていくのです。

またほとんどのすみれは、私たちがよく見ている花(開放花)とは違って、花弁がなく閉じたまま受粉する花(閉鎖花)によってどんどん実をつくり、種を散らしています。また、新しい葉を出し、地上で寒い冬を越すものもあります。

そのほか、すみれを食べるチョウの幼虫や、タネを運ぶアリなど、すみれを取り巻くものにも目を向けてみると、花の季節でなくてもいろいろと楽しむことができるでしょう。

(左)すみれのタネにつくエライオソームはアリの好物
(右)アオイスミレの実は丸く、根もとにつく

(左)鳥のくちばしのようなコスミレの閉鎖花
(右)コスミレの実は熟すと3つに割れ、タネを飛ばす

タチツボスミレの一年

花の季節が終わる頃には周りの草が大きくなって、タチツボスミレには光が当たらなくなり、花も陰にかくれるようになってしまいます。そこで、茎を伸ばして葉を出し、開放花も閉鎖花に変わります。そして秋まで茎を長く伸ばし、実もつくります。冬には伸びた茎や葉は枯れ、根もとに新しい葉を出し、雪の下でも枯れずに春を待つのです。

すみれをじっくり観察してみよう

多くの人が花を見てすぐすみれとわかるのは、花の形に特徴があるからです。

すみれの花は、上(上弁)が2枚・横(側弁)が2枚・下(下弁・唇弁)が1枚の計5枚の花びらからなっていて、横向きに咲きます。さらによく見ると、下の花びらには後ろ側に突き出した袋状のものが付いています。これは距(きょ)と呼ばれ、すみれの花をいっそう特徴付けています。また同じように見える花にも、まん丸・横長・馬のような長い顔など、種類によって顔つきが違いますし、大きさや色もさまざまです。

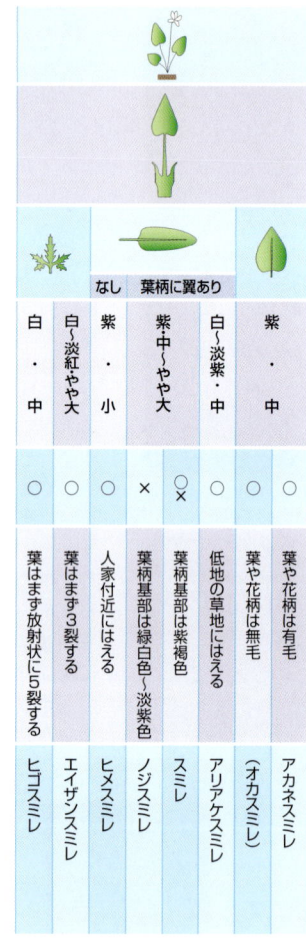

		 葉柄に翼あり			なし		
紫・中		白~淡紫・中	紫・中~やや大		紫・小	白~淡紅・やや大	白・中
○	○	○	○×	×	○	○	○
葉や花柄は有毛	葉や花柄は無毛	低地の草地にはえる	葉柄基部は紫褐色	葉柄基部は緑白色~淡紫色	人家付近にはえる	葉はまず3裂する	葉はまず放射状に5裂する
アカネスミレ	(オカスミレ)	アリアケスミレ	スミレ	ノジスミレ	ヒメスミレ	エイザンスミレ	ヒゴスミレ

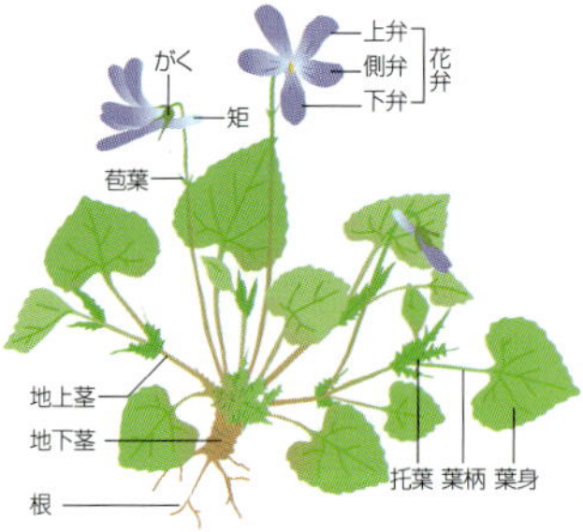

・スミレの見分け方

種名	花（色・大きさ）	側弁の毛	その他の特徴
ツボスミレ	白・小	○×	茎や葉は無毛
エゾノタチツボスミレ	白〜淡紫・中〜小	○	茎や葉に短毛
タチツボスミレ	淡紫・中	×	葉の先はややとがる
ニオイタチツボスミレ	紫・中	×	葉の先はまるい
アオイスミレ	淡紫・中	○×	毛が多い
エゾアオイスミレ	淡紫〜紫・中	○×	毛が多い
アケボノスミレ	紅紫・やや大　距が太くて短い	○×	地下茎は太い
ナガバノスミレサイシン	淡紫・大　距が太くて短い	×	地下茎は太い
マルバスミレ	白・中	○×	毛が多い
コミヤマスミレ	白・小	○×	沢沿いの湿った林下にはえる
ゲンジスミレ	淡紅・中〜小	○	葉は楕円形・葉裏紫色
ヒナスミレ	淡紅・中〜小	○×	葉は三角状
サクラスミレ	紅紫・大	○	柄に長い白毛がある
ヒカゲスミレ	白・中	○	葉表緑色
（タカオスミレ）	白・中	○	葉表暗褐色
コスミレ	淡紫・中	○×	葉裏紫色

※側弁の毛…○は毛がある。×は毛がない。○×はどちらも存在する。
※種名の（　）は品種名。

〔東京都高尾自然科学博物館・1998による〕

高尾山のすみれ

タチツボスミレ

麓から山の上まで、最もよく見られる。托葉は櫛の歯状。

植物手帳P6

シロバナタチツボスミレ

タチツボスミレの花の色が純白の品種で、時々見られる。

マルバタチツボスミレ

タチツボスミレとニオイタチツボスミレの交雑種。

オトメスミレ

タチツボスミレの花の色が距の紫を残して白い品種。

ニオイタチツボスミレ

タチツボスミレに似ているが、花に丸みがあり、香がある。

植物手帳P6

エゾノタチツボスミレ

タチツボスミレに似るが、花の側弁のもとに毛がある。稀に見られる。

植物手帳P7

ツボスミレ

小さな白い花。沢沿いの湿った所に多い。別名ニョイスミレ。

植物手帳P7

アオイスミレ

高尾山では春一番に咲くすみれ。側弁はあまり開かない。

植物手帳P8

エゾアオイスミレ

アオイスミレに似ているが、はう茎がない。陣場山に生える。

植物手帳P8

アケボノスミレ
淡紅紫色の大きな花が咲く。花時の葉はよく開いていない。

植物手帳P9

ナガバノスミレサイシン
花は淡紫色で大きく、距は短くて太い。名のように葉が長い。

植物手帳P9

シロバナナガバノスミレサイシン
ナガバノスミレサイシンの花が白い品種で、よく見かける。

ケマルバスミレ
マルバスミレとも呼ばれ、花も葉もまるい。よく群生する。

植物手帳P11

フモトスミレ
白い小さな花が咲く。奥高尾の尾根に見られるが少ない。

植物手帳P18

コミヤマスミレ
高尾山では一番遅く咲く。花は白くて小さいが、葉は大きめ。

植物手帳P18

ゲンジスミレ
葉裏の紫色から、紫式部、源氏物語と連想での名。ごく稀。

植物手帳P20

ヒナスミレ
淡い紅色の花の先の方が少し濃く、優しい感じ。春早く咲く。

植物手帳P20

フイリヒナスミレ
葉の表面に白い斑の入った、ヒナスミレの品種。

高尾山のすみれ

サクラスミレ

美しい紅紫色の大きな花。陣場山に生えるがとても少ない。

植物手帳P14

ヒカゲスミレ

花は白く、下弁に細かい紫のすじが目立つ。よい香がある。

植物手帳P12

タカオスミレ

高尾山の名がつく、葉がこげ茶色をしたヒカゲスミレの品種。

植物手帳P12

コスミレ

春早く咲く。名ほど小さな花ではない。人家付近に多い。

植物手帳P13

アカネスミレ

花色からの名。全体に毛が多く、距にも毛があるのが特徴。

植物手帳P14

オカスミレ

アカネスミレの品種で、側弁のもと以外は毛がない。

植物手帳P14

コボトケスミレ

アカネスミレの花の色が純白の品種で、小仏峠からの名。

アリアケスミレ

人家付近に見られるが、高尾山周辺のものは自生ではない。

スミレ

すみれ色（濃い赤紫色）の花。陽当たりのよいところに生える。

植物手帳P16

ノジスミレ

濃い青紫色の花。人家周辺に生え、山の中では見られない。

植物手帳P15

ヒメスミレ

スミレを小型にしたよう。高尾山周辺のものは自生ではない。

植物手帳P15

マキノスミレ

淡紅紫色の花を咲かせる細長い葉のすみれ。とても少ない。

植物手帳P19

エイザンスミレ

深く切れ込んだ葉のすみれ。夏は三つに裂けた大きな葉。

植物手帳P17

ヒゴスミレ

より細かく切れ込んだ葉。花に芳香。陣場山に稀に生える。

植物手帳P17

オクタマスミレ

エイザンスミレとヒナスミレの交雑種で、稀に見られる。

植物手帳P21

ナガバノアケボノスミレ

アケボノスミレとナガバノスミレサイシンとの交雑種。

植物手帳P10

スワスミレ

エイザンスミレとヒカゲスミレとの交雑種で、稀なもの。

フギレナガバノスミレサイシン

エイザンスミレとナガバノスミレサイシンとの交雑種で、稀なもの。

スプリング・エフェメラル

日の光が強くなる春。まだ木々の葉が広がる前の明るい林をのぞいてみると、落ち葉の下からいち早く芽を出し、葉を広げ、花を咲かせている小さな草花たちが見られます。

そのなかでも、“**スプリング・エフェメラル**(春のはかないものたち)”とか“**春植物**”と呼ばれる花たちは、春の光を浴びて短期間のうちに葉を広げ、花を咲かせ、実を結んで、木々の葉が広がり林床に届く光が弱くなる初夏には、地上部は枯れて姿を消してしまいます。まさに、はかない命の花たちです。

春の光を浴びて咲く、日影沢のニリンソウの群落

3月を過ぎると高尾山でも、山麓部を歩くとスプリング・エフェメラルたちに出会えます。いち早く咲き出すのはアズマイチゲやキクザキイチゲで、続いてニリンソウ、イチリンソウ、ヤマエンゴサク、ジロボウエンゴサク、ヒメニラ、キバナノアマナなどが咲き出します。

これらの植物は、高尾山でも裏高尾の小仏川流域に多く見られます。スプリング・エフェメラルの代表ともいえるカタクリは、高尾山の国定公園内では自生していませんが、南高尾の梅ノ木平には保護された群生地があります。

スプリング・エフェメラルと呼ばれる花たちが咲く春の高尾山麓には、同じように短期間だけ姿を現し消えていくチョウのスプリング・エフェメラルともいえるものも見られます。それはウスバシロチョウで、4月下旬から5月ごろ見られます。春の女神ともいわれるギフチョウもその一つですが、高尾山ではもうたいぶ前に絶滅してしまいました。

スプリングエフェメラルの仲間たち

キクザキイチゲ
（キンポウゲ科）

キバナノアマナ
（ユリ科）

ニリンソウ
（キンポウゲ科）

カタクリ
（ユリ科）

アズマイチゲ
（キンポウゲ科）

アマナ
（ユリ科）

イチリンソウ
（キンポウゲ科）

ヤマエンゴサク
（ケシ科）

樹の上で暮らす植物（着生植物）

高尾山の森で木々を見上げると、その木とは違った植物が樹上についていることがあります。よく知られているのは、自然研究路6号路の途中にある大きなスギの枝についたランの仲間のセッコクです。このセッコクは、後述の寄生植物と間違われることがありますが、寄生してスギから栄養を吸収しているわけではなく、ただ樹上について生活しているだけなのです。

セッコクのように、土壌に根を下ろさず、樹木や岩に根を張って暮らしている植物を**着生植物**と呼んでいます。着生植物は、樹上で空中の水分と、それにとけている養分をとって生活しています。ですから、沢沿いなど湿気の多いところに生えている樹木によく見られます。

セッコクは、高尾山では高い樹上に着生しているため、花を間近に見ることがむずかしいのですが、ケーブルカー清滝駅と高尾山駅のホーム脇にあるサクラの樹上のものであれば、近くで観察することができます。

このほか、高尾山で見られる着生植物には、ランの仲間のカヤランやヨウラクラン、シダの仲間のノキシノブ、マメヅタ、ハコネシダなどがあります。カヤランやヨウラクランは小さくてなかなか目につきませんが、ノキシノブは目立ちます。また、マメヅタが木の幹や岩にびっしりついているのもよく見かけます。

ほかの植物につき、そこから栄養や水分をうばって生活しているのが**寄生植物**ですが、高尾山では、ヤドリギがその代表格で、ブナやケヤキにくっついています。また、マツグミも寄生植物のひとつで、モミに寄生しています。

6号路の杉の大木の上に着生しているセッコクは、いっせいに白い花をつけ、壮観なながめとなるが、双眼鏡等がないと、花をよく見ることができない

■着生ランの仲間

高尾山に見られる着生ランの代表的なものがセッコクで、比較的大きな花を咲かせ目立つが、他のものは小さくてなかなか目につきにくい。地面と違い樹上では水分を得にくいため、湿気の多いところに着生する。

1セッコクは、よい香だが、なかなか嗅げない。
2カヤランは、小さいが黄色い花は鮮やか。
3ヨウラクランは、とても小さいがランらしい花。

■ヤドリギ

ケヤキに寄生したヤドリギ。レンジャクが実を食べ、糞に混じったタネが木について生えたようだ。高尾山では他にマツグミがモミに寄生する。

冬だとその姿がよく見える

■シダの仲間

シダ類にも着生するものがある。このマメヅタはアカガシに着生していたが、岩にもよく見られる。左下に伸びた細いものは胞子のついた葉。

マメヅタと呼ばれるシダの仲間

ちょっと変わった植物たち

梅雨時の高尾山で、ちょっと変わった花に出会うことがあります。地面からニョキッと茎を出し花が咲いていますが、緑の葉が見られません。

その代表的なものは、キバナノショウキランです。花を端午の節句の人形で知られる鐘馗に見たてた、淡いピンクのショウキラン(高尾山には自生していない)に対し、薄い黄色の花を咲かせるランの仲間です。

もう一つの代表選手はムヨウランです。細い茶色の茎を出し、先に花をつけますが、無葉蘭の名のように緑の葉がありません。どちらも葉緑素を持たない葉のないランなのです。

栽培することがまず無理なことと、また毎年同じところに出てく

キバナノショウキラン

ラン科

6月の梅雨時、沢沿いを歩くと、ときどきこの奇妙な花に出会う。毎年同じ所に出るとは限らないが、高尾山では毎年どこかで花を咲かせている。

マヤラン

ラン科

高尾山では少なくときどき見られるだけで、むしろ都市部の公園などの方がよく現れる。7月ごろ咲くが、秋にもう一度咲くこともある。

ムヨウラン

ラン科

名のとおりの無葉のランで、常緑広葉樹林下でよく見かける。高尾山では比較的見やすいランだが、隣接の神奈川県では、今のところ見つかっていない。

るとは限らないため、なかなかこれらの花を見るチャンスは少ないでしょう。それでも毎年、高尾山のどこかで見られことは、自然が豊かだからなのでしょう。

これらの植物は、自分で光合成をして生活する力がなく、菌類と共生して栄養素を得ているもので、**腐生植物**と呼ばれています。湿り気のある落ち葉の多いところなどに見られます。腐生植物は、ランだけでなく、他の植物もあります。

高尾山で見られる腐生植物としては、ラン科のキバナノショウキラン、ムヨウラン、ツチアケビ・マヤラン、クロヤツシロランなどや、イチヤクソウ科のギンリョウソウ、シャクジョウソウ、アキノギンリョウソウなどがありますが、どれも高尾山では数が少ない貴重な植物です。

シャクジョウソウ
イチヤクソウ科
ギンリョウソウに似た花を茎に何個か咲かせる。その姿を、修験者の持つ錫杖に見立てた名。亜高山帯から丘陵地の林まで、ときどき見られる。

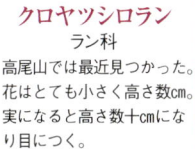

クロヤツシロラン
ラン科
高尾山では最近見つかった。花はとても小さく高さ数cm。実になると高さ数十cmになり目につく。

ギンリョウソウ
イチヤクソウ科
梅雨時の薄暗い林に咲くのを見ると、ユウレイタケと呼ばれるのも分かるような気がする。

ツチアケビ
ラン科
すっと伸びた太い茎に、いかにもランらしい花(左)をたくさんつける。花後にできる実(右)からの名だが、アケビというよりウインナーソーセージのようだ。

アサギマダラとキジョラン

初夏から秋にかけてフワフワと緩やかに飛ぶ**アサギマダラ**を、高尾山でよく見かけます。アサギマダラの幼虫の食草はガガイモ科の**キジョラン**です。キジョランの葉に指が通りそうな穴が開いているのは、アサギマダラの幼虫の仕業です。高尾山でアサギマダラがよく見られるのは、キジョランが多いからなのでしょう。

キジョランは、高尾山のあちこちの木にからんで生えています。花は初秋に咲きますが、それが実となって熟すのは翌年の初冬で、絹のような光沢のある長い毛をつけたタネが飛び出します。キジョランを含めガガイモ科の実は、花数のわりには実がとても少ないものです。それでも長い毛のついたタネをよく見かけるのは、高尾山にあるキジョランの総数が多いということを意味しています。高尾山では、キジョランのほかにガガイモ科の植物として、タチガシワ、オオカモメヅル、コバノカモメヅル、イケマ、フナバラソウ、スズサイコなどいろいろ見られ、どれもが実が熟すと割れて、中から長い毛のついたタネが飛び出します。

アサギマダラ
(上)蜜を吸う成虫
(中)キジョランの葉を食べる幼虫
(下)キジョランの葉裏のさなぎ

キジョラン
(上)初秋、放射状に花を咲かせる。
(中)実はごくわずかしかならず、2年がかりで実が熟す。
(下)晩秋に熟した実が割れ、絹のような長い毛をつけたタネが飛び出る。

ガガイモの仲間

キジョランのような**ガガイモ**の仲間は、葉や茎を傷つけると、白い乳液が出てくるのが特徴です。実は袋状で、熟すと片側が縦に裂け、中から絹のような長い毛をつけた種が飛び出し、風に乗って飛びます。花はたくさん咲くのに実になるのはほんの少しでしかありません。

イケマ
つる植物。花は小さくて白く、実は細長い。

タチガシワ
茎先の大きな葉の上に赤紫色の花を咲かす。

オオカモメヅル
つる植物。葉が大きいからの名で、花は小さい。あちこちで見かけるが目立たない。

スズサイコ
草地にまれに生え、なかなか出会えないが、花も日がさすと閉じてしまってなかなか見られない。

コバノカモメヅル
オオカモメヅルより葉は小さいが、赤紫色で星形の花は大きい。草に絡んでいることが多い。

フナバラソウ
船腹のような実の形からの名だが、草地にまれに見られるだけなので、名の由来を確かめるのは難しい。

いろいろな実を見てみよう

植物の実(果実)やタネ(種子)には、大事な仕事があります。それは、親の植物から離れたところに移動し、新しい世代を作ることです。動物とは違ってふだん動くことのできない植物にとって、実やタネのときが移動できる唯一のチャンスなのです。ですから、実やタネには、移動のための さまざまな工夫がこらされています。どのような仕組になっているのか、のぞいてみましょう。

風で飛ぶ

カエデの仲間のタネは、片側に翼を持っていて、クルクル回りながら落ちていきます。

そのため滞空時間がのび、風に乗ってより遠くに移動できるのです。タネに翼を持つものは、ほかにユリの仲間、ヤマノイモの仲間、カツラなどいろいろあります。

キッコウハグマ

チドリノキ

テイカカズラ

ヤマノイモ

また、タンポポやアザミの仲間、キジョラン、テイカカズラなどは、風に乗って飛んでいけるようにタネに毛がついています。

自分ではじける

ミツバフウロ

ツリフネソウ

ツリフネソウやゲンノショウコには、実からタネが飛び出すしかけがあります。実が乾燥したり、何かが触れたりするとはじけ飛ぶのです。すみれの実もはじけますが、さらにタネに甘いもの(エライオソーム)をつけ、アリに運ばせます。

人やけものにつく

秋の野山を歩くと、よくズボンにいろいろな実がついてきます。人やけものに運ばせようと、ノブキ、メナモミ、ガンクビソウのように粘りつくタネや、キンミズヒキ、イノコズチ、ヌスビトハギのように引っかかるタネもあります。

イノコズチ

ヌスビトハギ

オオガンクビソウ

メナモミ

食べられて運ばれる

ミツバアケビ

オニグルミ

クサギ

フユイチゴ

キイチゴの仲間、クサギ、アケビなどのように、けものや鳥に実が食べられても、かたい殻に包まれたタネが、消化されずに出てきて発芽するものもあります。

リス、ネズミ、カケスなどが、冬の蓄えとして運んだドングリを食べ忘れ、発芽することもあります。

バアソブ

こぼれ落ちる

親の木や草の下に、ただ落ちるだけのこともあります。タネに既述のような仕組みがあるものでも、それが働かないこともあります。

シモバシラ

“しもばしら”というと、地面から伸び上がった氷の柱である“霜柱”を思い浮かべるかも知れませんが、ここではそれではなく、シソ科の多年草である**シモバシラ**です。

シモバシラは、関東から九州にかけて分布し、高尾山でも尾根筋などのあちこちで見ることができます。シモバシラという名は、冬の寒さの中で見せてくれる姿からつけられたものです。

この植物は、冬に地上部が枯れてしまいますが、根から枯れ茎に地下の水分を吸い上げます。冬の最低気温が氷点下になる高尾山では、枯れ茎の中の水分が凍って膨張し、茎を突き破ってみごとな氷の柱が現れます。この様子は、シモバシラの名がピッタリです。12月初め、最初にできる頃は40㎝以上もの高さのみごとな氷の柱となります。それが何日も繰り返されるたびに茎が破れて水が上がりにくくなるため、1月頃には根元から横に伸びた氷のリボンのような形にと変わっていきます。その形もいろいろで、寒さも忘れて探すのが楽しくなります。そして、2月頃の厳しい寒さになると、土壌そのものが凍って水が上がらなくなるため、シモバシラの氷は見られなくなってしまいます。

シモバシラの他にも、シソ科のセキヤノアキチョウジやカメバヒキオコシ(高尾山には自生していない)、キク科のカシワバハグマやアズマヤマアザミなどにも氷の華ができることが知られています。

シモバシラの花

霜柱

最初の頃は茎高くまで氷の柱ができる

シモバシラ

1日が当たると溶け出してしまう　2丸くカーブした氷　3リボン状にのびた氷　4群生するシモバシラの氷の華　5寒い日が続くと長い氷ができる　6茎を囲むようにのびた氷　7アズマヤマアザミの根元にできた氷　8カシワバハグマ（キク科）もよく氷の華をつくる

高尾山のシダ植物

高尾山は、その位置、高さ、面積の割には、他の植物同様**シダ植物**の多い山で、140種類ほどが見つかっています。高尾山のシダ植物の特徴は、より暖かい地方に多い暖地性の種類がかなり生育していることです。高尾山の代表的な暖地性のシダとしては、オオバノハチジョウシダとキヨスミヒメワラビが上げられます。暖地性のものにくらべると、高尾山で見られる山地性のシダの種類は少なく、比較的普通なのは、クジャクシダ、ヤマイヌワラビ、ヘビノネゴザ、ジュウモンジシダぐらいです。

多くのシダ植物は、沢沿いの湿った所に生えているので、観察には沢沿いの道が適しています。高尾山でシダ植物が最もよく観察できるのは、自然研究路6号路です。沢沿いの林の下には、リョウメンシダ、ヤマイヌワラビ、ジュウモンジシダや、カタイノデ、ツヤナシイノデをはじめとするイノデ類などが多く見られます。また、これらにくらべてやや少ないのですが、イワガネゼンマイ、オオバノハチジョウシダ、キヨスミヒメワラビ、はカタシダ、それに高尾の名がつけられたシダのひとつであるタカオシケチシダなどもみられます。

沢から離れた山の中腹のやや乾いた林の下には、ベニシダ、ヤマイタチシダ、オオイタチシダなどが生えています。やや湿り気味の所では、オオバノイノモトソウやクマワラビが目立ちます。尾根近くはシダが少なく、ヘビノネゴザやイヌシダなどが少し目立つ程度です。

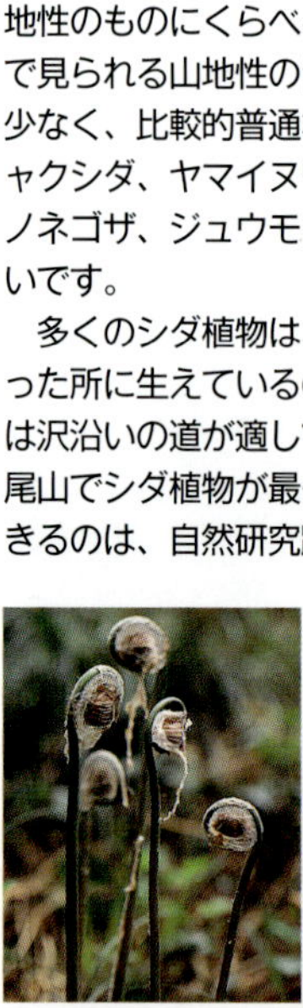

ゼンマイ

山菜としてよく知られる。右は胞子葉と栄養葉、上は芽出し

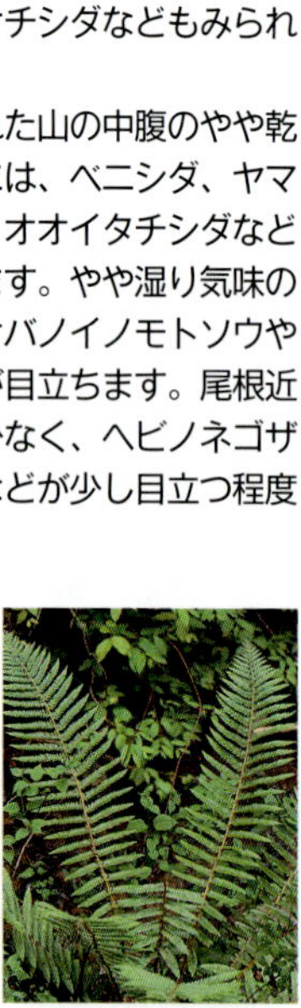

タカオイノデ

アイアスカイノデとツヤナシイノデの雑種と見られ、高尾で発見された

キヨスミヒメワラビ

ツヤナシイノデ

オオハナワラビ

フモトカグマ

ジュウモンジシダ

ゲジゲジシダ

コモチシダ

リョウメンシダ

ヤブソテツ

ベニシダ

クジャクシダ

クモノスシダ

絶滅が心配される植物

高尾山は自然豊かで植物の種類が多いとはいっても、絶滅が心配されているものも少なくありません。

その理由として、①もともと少なかったもの、②環境が変わって生育できなくなったもの、③人の採取によるもの、④気づかずに踏み荒らしてしまったもの、⑤動物の食い荒らしによるもの、などいろいろあげられます。

過去の植物の記録からも、もともと少なかったのが、環境の変化や人の採取が加わって、消えていってしまった、というものあります。ムラサキやオキナグサなどは、明るい草原のような生育環境がなくなってしまい、姿を消していった代表的なものでしょう。

環境の変化で心配なものにブナがあります。ブナは高尾山には大木がたくさん見られますが、ブナの項(42p)で触れたように発芽能力のある実ができず、また若木も

キンラン
（ラン科）

エビネ
（ラン科）

スズムシソウ
（ラン科）

オキナグサ
（キンポウゲ科）

キキョウ
（キキョウ科）

タマノカンアオイ
（ウマノスズクサ科）

見られないので、時間的にはまだ先のことですが、消えて行く運命にあります。アカマツも高尾山では少なくなってしまったものの一つです。かつて高尾山頂付近などの尾根筋にはアカマツ林がありましたが、暗い林床に幼苗は育たず、今はモミ林に代わっています。また、ヤマユリは強い香の大きな花をあちこちで咲かせていましたが、イノシシが鱗茎(球根)を食い荒らしたために急に少なくなっています。

さらに心配なのは、人による採取と踏み荒らしです。高尾山の自然は、身近でいつでも来られるところにあります。また、高尾山の自然は高尾山で見るからこそ美しいものなのです。高尾山の自然をつくりだしている動植物たちを採ったりしないで、その生育を高尾山の自然に任せ、いつでも見に訪れてほしいと思います。環境が破壊されない限り、高尾山の自然は変わらずに私たちを迎えてくれるはずです。

ソバナ
(キキョウ科)

ツルギキョウ
(キキョウ科)

バアソブ
(キキョウ科)

ヤマシャクヤク
(ボタン科)

ベニバナヤマシャクヤク
(ボタン科)

フクジュソウ
(キンポウゲ科)

高尾山で発見された植物

高尾山は、都市に近い小さな山としては珍しい自然豊かな森があります。この地域の植物は昔から多くの植物学者や研究者によって調べられてきました。そしてたくさんの植物が発見され、その標本に基づいて記載・発表されています。

その数は60種類を超えます。そのなかには、タカオヒゴタイ、タカオスミレ、タカオワニグチソウ、タカオスゲ、タカオシケチシダ、タカオイノデなど高尾の名がつけられたものや、コボトケスミレ、オンガタヒゴタイ、オンガタイノデ、ジンバイカリソウなど隣接地域の名がつけられたものもあります。また、オオツクバネガシ *Quercus takaoyamesis* Makinoのように学名に高尾山がつけられたものもあります。さらに、レモンエゴマ、トラノオジソ、サツキヒナノウスツボ、ヤマミゾソバ、ナガバノアケボノスミレ、シロミノアオキ、ホウチャクチゴユリなども高尾山で見つかったものです。

チゴユリ　×

ホウチャクソウ

＝

高尾で発見されたチゴユリとホウチャクソウの雑種ホウチャクチゴユリ

タカオワニグチソウ
ワニグチソウとミヤマナルコユリの雑種

サツキヒナノウスツボ
名のように5月頃壺型の花を咲かせる

シロミノアオキ
アオキの品種で、実が赤くならず白いまま熟す

タカオヒゴタイ
葉がバイオリンの胴部のようにくびれている

オンガタヒゴタイ
タカオヒゴタイとセイタカトウヒレンの雑種

レモンエゴマ
花や葉を触るとレモンのような芳香がある

ヤマミゾソバ
葉はあまりくびれない三角形。茎が横に広がる

シロバナオオバジャノヒゲ
オオバジャノヒゲの花が純白のもの

タカオシケチシダ
シケチシダの葉裏の脈土などに軟毛があるもの

高尾山でよく見かける野草

花の名山としても知られる高尾山には、ハイキングコースの足元で、咲くたくさんの野草を見ることができます。その数はおよそ1500種類とも言われています。中でもよく見られる野草を季節別に紹介します。

ここで掲載している以外の花の紹介や、それぞれの詳しい生活環境についての解説は、姉妹本である『高尾・奥多摩植物手帳』に譲り、ここでは簡単な特徴だけを紹介することとします。

高尾・奥多摩植物手帳

新井二郎著、1300円
208ページ、オールカラー
JTBパブリッシング刊

高尾山全域と奥多摩地域で見られる植物を400種以上も網羅した、コンパクトな植物図鑑。

ハナネコノメ
花猫の目
ユキノシタ科
3月中旬〜4月中旬
渓流の水辺に咲く小さな花
植物手帳P24

ミヤマキケマン
深山黄華鬘
ケシ科
4月上旬〜5月中旬
陽当たりのよい道端など
植物手帳P34

ムラサキケマン
紫華鬘
ケシ科
4月上旬〜5月中旬
ときどき白花も見られる
植物手帳P117

コチャルメルソウ
小哨吶草

ユキノシタ科

3月下旬〜5月上旬
よく見るとかわいい花

植物手帳P26

ヨゴレネコノメ
汚れ猫の目

ユキノシタ科

3月下旬〜4月中旬
葉の色からつけられた名前

植物手帳P25

ユリワサビ
百合山葵

アブラナ科

3月中旬〜4月下旬
湿り気のあるところに咲く

植物手帳P23

シュンラン
春蘭

ラン科

3月下旬〜4月下旬
最近少なくなっているラン

植物手帳P28

カントウミヤマカタバミ
関東深山傍食

カタバミ科

3月下旬〜4月下旬
林に咲く美しい5弁の花

植物手帳P27

フデリンドウ
筆竜胆

リンドウ科

4月中旬〜5月中旬
春の雑木林に咲くリンドウ

植物手帳P141

高尾山でよく見かける野草

ヤマエンゴサク
山延胡索

ケシ科

3月下旬～4月中旬
ユニークな形の花をつける

植物手帳P140

ニリンソウ
二輪草

キンポウゲ科

4月上旬～5月上旬
山麓の沢でよく見られる

植物手帳P32

ミミガタテンナンショウ
耳形天南星

サトイモ科

4月上旬～4月下旬
独得な花を咲かせる

植物手帳P160

ヤマブキソウ
山吹草

ケシ科

4月下旬～5月中旬
南高尾の群生地が有名

植物手帳P45

シャガ
射干

アヤメ科

4月中旬～5月下旬
高尾山でよく見かける花

植物手帳P144

チゴユリ
稚児百合

ユリ科

4月中旬～5月下旬
下向きに小さな花をつける

植物手帳P42

ヒトリシズカ
一人静
センリョウ科
4月上旬～5月上旬
人気の山野草のひとつ
植物手帳P33

イカリソウ
碇草
メギ科
4月中旬～5月中旬
船の碇に例えた名
植物手帳P115

フタリシズカ
二人静
センリョウ科
5月下旬～6月下旬
花の穂は2～6本つく
植物手帳P64

ホウチャクソウ
宝鐸草
ユリ科
4月下旬～5月下旬
緑を帯びた花をつける
植物手帳P161

ラショウモンカズラ
羅生門葛
シソ科
4月中旬～5月下旬
青紫の大きな花が目立つ
植物手帳P145

ノアザミ
野薊
キク科
5月上旬～6月下旬
春に咲くアザミ
植物手帳P120

高尾山でよく見かける野草

サワギク
沢菊

キク科

6月上旬〜7月中旬
沢沿いで目立つ

植物手帳P77

イチヤクソウ
一薬草

イチヤクソウ科

6月上旬〜7月上旬
梅雨のころに咲く

植物手帳P67

ギンリョウソウ
銀竜草

イチヤクソウ科

6月中旬〜7月下旬
別名ユウレイタケという

植物手帳P75

アカショウマ
二輪草

ユキノシタ科

6月中旬〜7月中旬
梅雨時に白い花をつける

植物手帳P72

ホタルブクロ
蛍袋

キキョウ科

6月中旬〜7月下旬
下向きに大きな花をつける

植物手帳P124

イナモリソウ
稲守草

アカネ科

5月下旬〜6月中旬
沢沿いの道に咲く

植物手帳P121

ヤマユリ
山百合

ユリ科

7月中旬～8月上旬
強い香りを放つ

植物手帳P83

ヤブカンゾウ
薮甘草

ユリ科

7月上旬～7月下旬
橙色い八重の花が目立つ

オカトラノオ
岡虎の尾

サクラソウ科

6月中旬～7月中旬
群れる姿は壮観

植物手帳P76

ウバユリ
姥百合

ユリ科

7月下旬～8月中旬
大きく背の高い花

植物手帳P164

キツネノカミソリ
狐の剃刀

ヒガンバナ科

8月上旬～9月上旬
ヒガンバナに似た花

植物手帳P128

ヤマホトトギス
山杜鵑草

ユリ科

8月中旬～10月上旬
斑紋のあるかわいい花

植物手帳P130

高尾山でよく見かける野草

ミズヒキ
水引
タデ科
8月下旬～10月上旬
秋にはよく目立つ
植物手帳P132

オクモミジハグマ
奥紅葉白熊
キク科
9月中旬～10月中旬
モミジのような大きな葉
植物手帳P100

ツリフネソウ
釣舟草
ツリフネソウ科
9月上旬～10月中旬
ユニークな形の花
植物手帳P134

ヤマトリカブト
山鳥兜
キンポウゲ科
9月下旬～10月下旬
毒草としてよく知られている
植物手帳P154

ナギナタコウジュ
薙刀香薷
キク科
9月下旬～10月下旬
花を片方に集めて咲く
植物手帳P155

ツリガネニンジン
釣鐘人参
キキョウ科
8月下旬～10月上旬
小さな鐘を釣り下げて咲く
植物手帳P150

秋の野草

サラシナショウマ
晒菜升麻

キンポウゲ科

9月下旬～10月下旬
ブラシのような花が特徴

植物手帳P107

アキノキリンソウ
秋の麒麟草

キク科

9月下旬～11月上旬
尾根すじで目を引く

植物手帳P105

カシワバハグマ
柏葉白熊

キク科

9月中旬～10月中旬
大きな葉が目立つ

植物手帳P102

ノコンギク
野紺菊

キク科

9月上旬～11月上旬
野ギクの代表格

植物手帳P153

リンドウ
竜胆

リンドウ科

10月中旬～11月下旬
陽が当たり暖かくなると開く

植物手帳P155

センブリ
千振

リンドウ科

10月中旬～11月中旬
薬草として有名

植物手帳P109

野生動物の痕跡を見よう

高尾山には大型の哺乳動物(ケモノ)はいませんが、ネズミやモグラなどから、キツネやタヌキ、イノシシまで、25種以上のケモノがすんでいます。そのうち、リスは昼間の森で出会うことがありますし、ムササビは夜の高尾山で比較的よく観察できます。最近、イノシシがエサ探しで地面を掘った跡がとても目立っています。

ほとんどは夜行性のため、なかなか出会う機会がありません。けものたちの姿は見られなくても、生活痕は探してみるといろいろ見つかります。足跡・爪痕・食べ痕・ふん・巣穴などです。どのような所に、どのような痕跡が見つかるでしょうか?また、それは何者の痕跡なのでしょう?

1

2

3

樹の上でオニグルミの実を食べるホンドリス

これなあに？

④

⑤

⑥

①モグラ塚。モグラがトンネルの土を地上に出したところ。
②リスが食べたマツボックリ。
③ムササビがかじった痕。スギの実の中のタネを食べて落とした。
④地面についたアナグマの足跡。巣穴を掘るため、爪が鋭く大きい。
⑤アカネズミの食べ痕。オニグルミ実の両側に穴を開けて食べる。
⑥リスの食べ痕。オニグルミの実を削り、二つに割って食べる。
⑦イノシシの食べ痕。クリのイガから実を出し、皮を剥いて食べる。
⑧イノシシのぬた場。寄生虫などを防ぐための泥あび場のこと。

⑦

⑧

高尾山に暮らすムササビ

高尾山には、滑空することで知られるリスの仲間の**ムササビ**が暮らしています。自然豊かな高尾の森には、食べ物となる植物や棲みかとなる大きな木がたくさんあるからです。昼間は木の穴などで眠っていて、夜になると活動します。日が沈んでから30分くらいすると巣穴から出てきてエサなどをとって活動し、日の出の30分くらい前に巣穴に戻ってきます。

ムササビがグライダーのように滑空できるのは、前足と後足の間に薄い膜(飛膜)を持っているからです。飛膜をいっぱいに開き、木から木へと滑空して移動し、木の葉、実、芽などを食べます。

薬王院の境内は比較的観やすいので、ムササビ観察のグループをよく見かけます。ムササビの活動は夜ですし、お寺の境内ですから、迷惑がかからないよう、またムササビを驚かせないよう、マナーを守って観察させてもらうことが大切です。

スギの巣穴から顔を顔をのぞかせたムササビ

ムササビのフィールドサイン

ムササビは夜行性動物ですから、活動の様子を観察するには夜ということになります。それでも日中高尾山を歩いてみると、ムササビの生活の痕跡(フィールドサイン)を見つけることができ、高尾の森にムササビが暮らしていることがわかります。

スギの幹についた爪痕

ムササビの糞

杉の木の巣穴

食痕　1アカガシの葉　2コナラやシラカシの冬芽
3ヤブツバキの蕾　4ムササビが食べちらかしたウラジロガシの芽や葉や糞

高尾山サル園（高尾自然動植物園）

ケーブルカー高尾山駅から歩いて2分のところに「高尾山サル園」があります。ここには、ニホンザルの一群が生活しています。サル達には、一頭一頭名前がつけられ、名前を呼ぶと返事をするサルや、枝から係員に向かってジャンプするサル、綱渡りをするサルなど、ユニークな仲間がいます。
サル園には説明員がいて、人間社会にも共通する生活や秩序について説明し、来園者の質問にも答えてくれます。説明員の個性溢れる話を聞いていると、時間の経つのを忘れてしまいそうです。
入園料400円、10〜16時(季節により変動あり)、無休

高尾山の野鳥

高尾山では、常緑樹や落葉樹の自然林や雑木林など変化に富んだ自然の中に、いろいろな野鳥がすんでいます。これまでに高尾山で記録された野鳥は、100種以上にのぼりますが、ふつう年間で70種くらいは観察できます。

一年中同じ地域でくらしている鳥を**留鳥**といいます。高尾山の留鳥の中でも、多いのはヒヨドリ、シジュウカラ、メジロ、ホオジロ、ハシブトガラスなどです。

春に南方から日本に渡ってきて繁殖し、秋にはまた南方に渡っていくのが、**夏鳥**です。夏の高尾山は、留鳥にくわえて、夏鳥たちでにぎやかになります。夏鳥の中でも、イワツバメやツバメは、早くも4月初めには姿を見せます。5月になれば、高尾山に見られるほとんどの夏鳥がそろい、キビタキ、オオルリ、クロツグミ、センダイムシクイをはじめ、たくさんの鳥たちのさえずりがあちこちから聞こえてきます。

秋に北方の繁殖地から日本に渡ってきて冬を越し、春に北方に帰る鳥が**冬鳥**です。冬の高尾山では、この冬鳥のほかに漂鳥も見られます。**漂鳥**とは、日本の国内で季節によって小さな移動をする鳥で、夏は高い山や北の地方などで繁殖し、冬に高尾山にやってきます。ツグミ・ジョウビタキ・カシラダ

ウソ

オスはほおと喉が赤い。フィフィと軽く口笛を吹くような鳴き声。高尾山では冬に見られる漂鳥。

エナガ

小さな体に長い尾が目立つ。ジュルル…と濁ったような声。冬はシジュウカラなどとの混群が見られる。

ガビチョウ

全体に茶色で、目の周りが白く縁どられている。最近の高尾山では増え、あちこちで大きな声が聞こえる。

カ・アトリなどは、日本より北の地域からやってくる冬鳥です。一方、ルリビタキ・コガラ・ゴジュウカラ・ウソなどは、高尾山で冬しか見られない漂鳥です。

最近では、中国南部・台湾・インドシナに生息するガビチョウが高尾山でも繁殖し、一年中大きな鳴き声が聞こえてきます。

探鳥会が毎月行われています。

コゲラ

スズメ位の小さなキツツキで、白と黒の縞模様。ギィーギィーときしるような鳴き声。よく見かける留鳥。

ジョウビタキ

オスは黒い翼に白斑が目立つ。ヒッヒッと鳴き、ピョコッと頭を下げ、尾をふる。冬鳥としてやってくる。

シジュウカラ

ほおが白く目立つ。ネクタイをつけたように、喉から腹に黒帯がある。高尾山ではあちこちで見かける。

ツグミ

翼が茶褐色で胸に黒い斑が帯状にある。クェックェッとなく。冬鳥で、高尾山では山中よりも麓で目立つ。

ヒヨドリ

全体が黒っぽい灰色で地味。ピーッ・ピィーョと鳴く声は、高尾山のあちこちから聞こえてきて目立つ。

メジロ

名のように目のまわりに白い輪。背はウグイス色といわれる緑色。ヤブツバキやウメの蜜を吸いにくる。

高尾山の昆虫

高尾山は、かつて日本の昆虫三大生息地の一つとして、よく知られた山でした。それでは、高尾山にどれだけの種類の昆虫がいるのでしょうか？ よく、“高尾山には4000～5000種類の昆虫がいる”、といわれていますが、その数字を見ても、その間に1000種類もの差があります。残念ながら、きちんとした昆虫リストがなく、実際のところまだよく分かっていないのです。昆虫には、チョウやガ、トンボ、カミキリムシ、クワガタ、セミなど比較的なじみのあるもの以外にも、たくさんの種類のものがいて、高尾山の昆虫相についてはまだまだ分かっていません。そのなかで、チョウ類、トンボ類、カミキリムシ類などは、高尾山では比較的よく調べられ、報告があります。

チョウは、ウスバシロチョウ、ミヤマカラスアゲハ、モンキアゲハ、オオムラサキ、フジミドリシジミなど80種以上が確認されていますが、美しいギフチョウは絶滅し、最近は暖地性のツマグロヒョウモンやクロコノマチョウが見られるようになっています。トンボ類は、産卵行動が高尾山で初めて観察されたムカシトンボをはじめ、ミヤマカワトンボ、オニヤンマ、ミヤマアカネなど50種以上が確認されています。また、カミキリムシ類は、タカオメダカカミキリ、コボトケヒゲナガコバネカミキリのように高尾山を原産地として記載されたものをはじめ、170種以上が記録されています。

大型のトンボ、オニヤンマ

網をはって昆虫を待ちうけるジョロウグモ。クモは昆虫ではないが目立つ

ベニシジミ

高尾山麓の草地で普通に見られる。幼虫はタデ科のスイバやギシギシなどを食べる。

カラスアゲハ

写真は夏型のオスで、よく路上で吸水しているのを見かける。幼虫の食草はカラスザンショウやコクサギなど。

ミヤマセセリ

成虫は早春だけに現れるので、チョウのスプリング・エフェメラルともいえる。幼虫はコナラなどを食べる。

ムラサキシジミ

成虫越冬なので、早春でも暖かい日に見かける。翅の表は紫で目立つが、裏は落ち葉にまぎれる地味な色。

ルリシジミ

幼虫は、マメ科・バラ科など、いろいろな植物のつぼみを食べる。沢沿いの道で、オスが吸水していた。

ルリタテハ

翅のルリ色の帯が目立つが、裏は枯葉のような地味な色。よく樹液を吸っているのを見かける。

オオムラサキ

国蝶として知られる大型の美しいチョウ。幼虫は、エノキの根もとに落ちた葉の裏で越冬している。

テングチョウ

顔が天狗の鼻のように突出している。成虫越冬で早春からよく見られるが、翅裏は枯れ葉色で目立たない。

アオバセセリ

初夏、沢沿いに咲くミツバウツギの花を訪れるのをよく見かけるが、動きがすばやく、じっくり見にくい。

アオスジアゲハ

黒い翅に明るい青いすじが目立つ。翅を小刻みにふるわせながら蜜を吸う姿を、山麓でよく見かける。

キアゲハ

陽当たりのよい所を好み、山麓や山頂で見かける。幼虫がセリ科のヤマゼリを食べているのによく出会う。

ウスバシロチョウ

初夏の一時期だけ現れる、チョウのスプリング・エフェメラル。シロチョウといってもアゲハチョウ科。

ウラギンシジミ

名のように翅の裏面が銀色。秋に山道を歩くと、銀色の裏翅を光らせてすばやく飛ぶ姿がよく目につく。

サカハチチョウ

春型と夏型では翅の色がだいぶ違う。夏の沢沿いを歩くと、黒地に白い逆さ八の字模様がよく見られる。

スミナガシ

翅を開いているのを見ると、この名が納得できる。アワブキやミヤマハハソを食べる幼虫の姿はユニーク。

ダイミョウセセリ

西日本のものは前翅と後翅に白い斑があるが、高尾山など東日本のものは前翅だけ白い斑が目立つ。

ツマグロヒョウモン

南方系のチョウだが、最近は高尾山でもよく見かけるようになった。メスは翅先の部分の黒が目立つ。

トラフシジミ

翅の裏にトラ模様のすじが目立つ。白い花が好きなようで、春、ハナネコノメの花の蜜を吸っていた。

昆虫図鑑②

ヒカゲチョウ

ジャノメチョウの仲間で、山麓で見かけるが、地味で目立たない。ナミヒカゲとも呼ばれる。

シンジュサン

ヤママユの仲間の大きなガ。幼虫がシンジュを食べるところからの名というが、いろいろな広葉樹も食べる。

オオミズアオ

ヤママユの仲間の大きなガ。初夏に羽化するが、翅は薄く青味がかった白で、透けるように美しい。

ヒゲナガオトシブミ

コブシやイタドリの若葉に切り込みを入れて巻き、ゆりかごをつくる。オスは頭部が細長く、触覚も長い。

ラミーカミキリ

暖かい地方のカミキリムシで、最近は高尾山麓でも、カラムシやヤブマオにいるのをよく見かける。

ムカシトンボ

前翅と後翅の形が同じで、腹部がヤンマのように太いトンボ。産卵行動が初めて観察されたのは高尾山。

アジアイトトンボ

小さなイトトンボの仲間。写真は、上がオス、下がメス。初夏、高尾山麓の田んぼなどで見られる。

トラマルハナバチ

花粉媒介をするマルハナバチの代表種としてよく知られている。明るいオレンジ色で、腹部の先が黒い。

ヨツモンカメムシ

名のように翅に四つの紋がある。少ないといわれているが、山麓に植栽したアキニレで集団越冬していた。

高尾山に棲むカエルたち

高尾山で見られる**カエル**は、アズマヒキガエル、ニホンアマガエル、タゴガエル、ニホンアカガエル、ヤマアカガエル、トウキョウダルマガエル、ツチガエル、シュレーゲルアオガエル、モリアオガエル、カジカガエルの10種です。そのうち山中でも見られるものは、ヒキガエル、アマガエル、タゴガエル、ヤマアカガエル、モリアオガエルの5種で、他はすべて山麓性のものです。

産卵のため、最も早く現れるのはヤマアカガエル。2月上旬頃、林道脇の水たまりに卵塊が見られます。タゴガエルが現れるのは3月中旬頃から。水がしみだす岩のすき間などから、奇妙な鳴き声が聞こえてくるのでわかりますが、なかなか姿を見せてくれません。

3月下旬ごろからは、アズマヒキガエル(がまがえる)が現れます。高尾山の林道を歩いていると、道端の水たまりに集まり、1匹の雌にたくさんの雄が群がり、団子状になって産卵しているの出会います。4月下旬になると、山麓を流れる案内川や小仏川では、カジカガエルがよくとおる美しい声で鳴きだします。声が聞こえてくるあたりの、流れの中に出ている石の上を注意してみると、姿が見つかるかもしれません。6月にはモリアオガエルが樹上で産卵します。以前はあまり知られていなかったのですが、最近は林道の道端などで、水たまりの上に伸びた枝に10〜15㎝ほどのクリーム色をした球形の泡の卵塊を見ることがあります。

モリアオガエルの卵塊。アブラチャンの枝に産みつけられていた

ヒキガエルの産卵
たくさんのヒキガエルが集まる

ヤマアカガエルの卵塊。湧き水のたまった場に産卵

●ヤマアカガエル

名のように山に多いアカガエルで、高尾山ではまだ寒い2月の初め頃に流れのゆるやかな水溜りなどに集まってきて産卵します。早いときには1月下旬に産卵し、雪や氷の張る水の中にゼリー状の卵塊が見られることもあります。卵塊の卵の数は1000個以上です。

●タゴガエル

山間渓流性の小型アカガエルで、一般的にはあまり知られていません。岩の間のしたたり水の中に球形の卵塊を生みます。卵の数は50個位で、1個が2～3㎜の大きな卵です。高尾山では、3月中旬～4月上旬が産卵シーズンで、この頃になると岩の間からガガガッググーといった奇妙な声が聞こえてきます。岩のすき間に近づくと、成体や卵が見えることがあります。

●カジカガエル

美しい鳴き声で知られるカジカガエルは、山麓を流れる案内川や小仏川で見ることができます。高尾山麓では4月中旬に初鳴きが聞かれ、5～6月の産卵期には、鳴き声がよく聞こえてきます。川の中の石の下に、卵の数50個以上の、直径5㎝くらいの卵塊を産みつけます。

●モリアオガエル

水溜りの上に伸びた木の枝に産卵するカエルで、クリーム色の卵塊の中で卵からオタマジャクシになり、梅雨時の雨などとともに水面に落ちて成長します。高尾山麓や八王子西部での生息はよく知られていましたが、最近、高尾山中での産卵が確認されました。木の枝に産みつけられた卵塊の表面は乾いていますが、中は水分が保たれていて、300～800個の卵が入っています。

高尾山の地形・気象

高尾山の地形

東京都(島しょを除く)は、東京湾から都の最高峰である雲取山(2018m)まで、西に向かって標高がだんだんと高くなっています。この東京都の地形は、低地、台地、丘陵、山地の４つに区分されます。高尾山は山地のはじまる位置にあります。

高尾山ってどうやってできたの？

高尾山を形づくっているのは、小仏層群とよばれている地層です。高尾山のすぐ西にある小仏峠の名をとったこの地層はとても厚く、高尾山周辺から西へ神奈川、山梨県方面まで広く分布しています。高尾山の沢沿いの道を歩いてみると、砂岩や粘板岩、それに頁岩といった堆積岩でできた地層が交互に重なり、互層になっているのがよく見られます。ところによっては、チャートと呼ばれる岩石も見られます。

小仏層群は、今から１億年近く前の中生代白亜紀に、海に堆積してできたものです。中生代から新生代の初めにかけての日本列島は、大陸の東のはずれの陸地になっていましたが、西日本の太平洋岸や北海道の中央部は海の中でした。東京の西部は、南に大きく開いた湾となっていて、現在高尾山や小仏周辺の地形を形づくっている砂岩や粘板岩の地層が、このころの海底につもりました。

この中生代白亜紀の海に堆積した地層は、その後の長い年月の間に隆起し、浸食作用によってけずられ、今の高尾山を形づくったのです。

▲小仏層群の粘板岩の露頭。少し黒ずんでみえる

◀小仏層群の砂岩の露頭

■図1　東京都の地形区分

■図2　高尾山付近の地形図

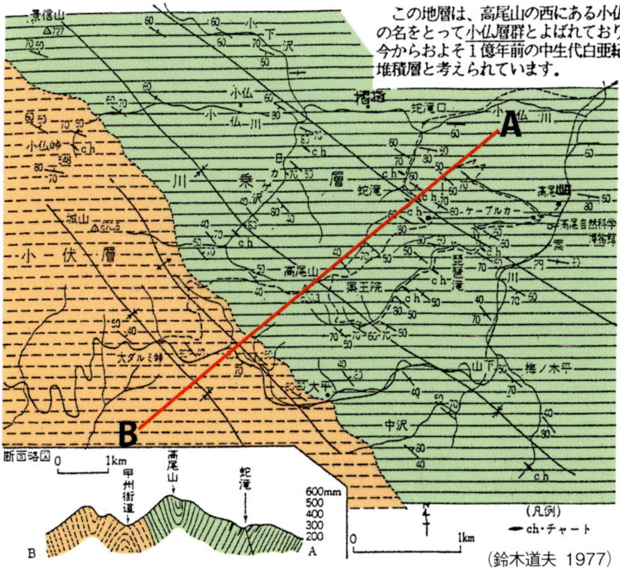

(鈴木道夫 1977)

東京都の気候と高尾山

東京都の気候は、図1のように都市気候域、郊外気候域、山地気候域の3つに分けることができます。

■図1　東京都の気候

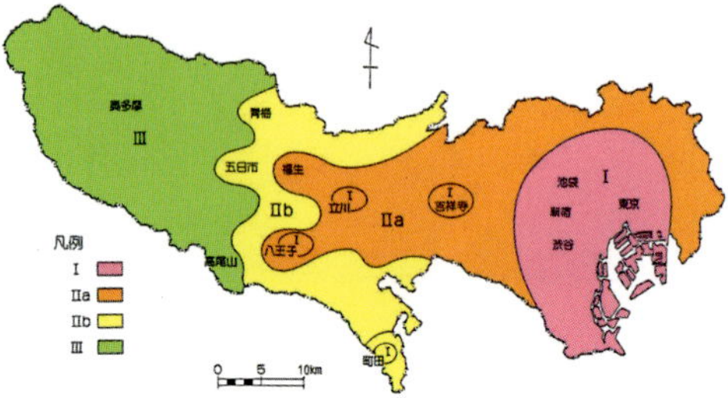

（関口　武による）

Ⅰ. 都市気候域

　東京の都心部や市街地のように、建物が密集し、地表面の大部分はコンクリートなどでおおわれ、緑地の少ない地域が、都市気候域です。この気候域では、周辺の地域よりも気温が高く、特に冬の晴れた夜には郊外よりも気温が5℃以上も高くなります。
　また、スモッグなどの大気汚染が著しいのが特徴です。

Ⅱ. 郊外気候域

　武蔵野台地など、住宅地であっても家があまり密集せず、緑地や畑もまだ見られる地域が、郊外気候域で、さらに2つに分けられます。
　郊外気候域a：比較的家が多く、都市気候化しつつあります。
　郊外気候域b：比較的畑地が多く、関東平野の気候（夏暑く冬寒い）に似ています。

Ⅲ. 山地気候域

　都市化の影響がほとんどなく、緑地の多い山地部が、山地気候域で、**高尾山**もこの気候域にあります。

都心と高尾山の気温

図2は、都心（東京管区気象台・千代田区大手町・海抜6m）と、高尾山麓（旧東京都高尾自然科学博物館・八王子市高尾

町・海抜195m)で観測された、2000年の気温の年変化です。

最高気温にはあまり大きな差はなく、最低気温に大きな差が現れています。特に冬の最低気温については、高尾山麓では都心よりも5℃以上も低くなります。これは、都心部が都市気候の特徴によって夜間に気温があまり下がらないためです。

■図2　都心と高尾山の気温(2000年)

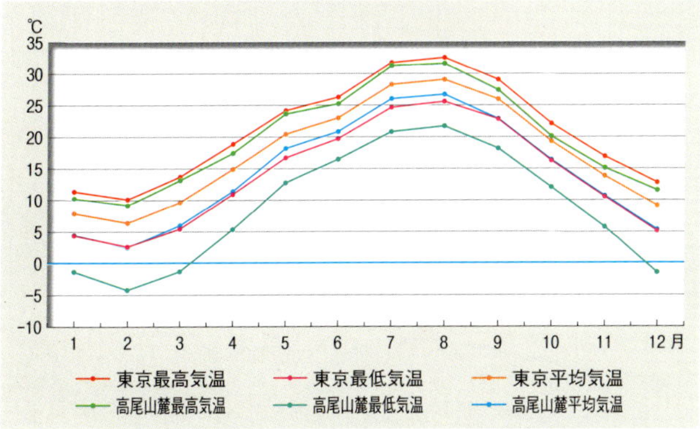

高尾山の小気候

高尾山の中でも、山麓と中腹や山頂、南斜面や北斜面、カシ林とイヌブナ林、というように地形や植生の違いによって、気温などの分布や変化の様子にも違いが見られます。

例えば、図4は冬の朝の気温分布ですが、山の上(高い所)の方ほど気温が低くなる、というのではなく、山の中腹に気温の高い(暖かい)部分があり、山麓(谷沿い)の部分が最も気温が低く(寒く)、また尾根筋から山頂にかけても低くなっています。これは、夜間に冷え込んだ空気が山麓に流れ下って冷気の湖のようになり、気温が逆転して、山の中腹斜面に温暖帯ができるためです。この気温の逆転層による斜面の温暖帯は、冬の晴れて静かな夜から明け方にかけて特によく発達しますが、他の季節や天気のときにも現れます。

■図3　裏高尾・小仏谷

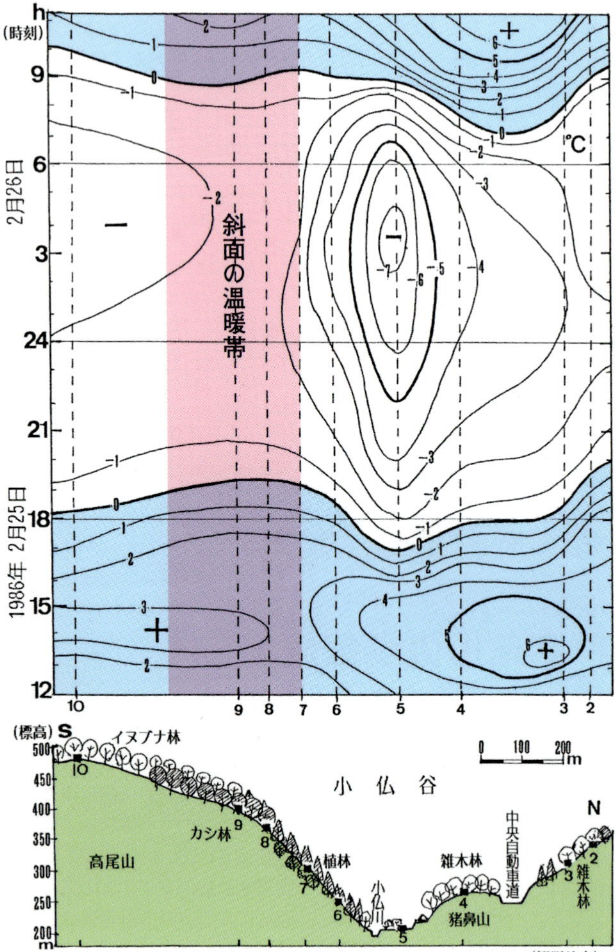

(観測地点)
(新井，1988)

■図4　高尾山の気温分布(冬の朝)

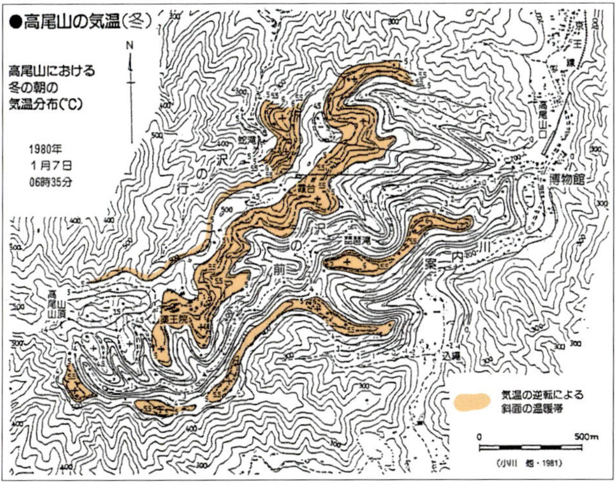

ダイヤモンド富士

12月の冬至前後の数日間は、高尾山頂から眺める富士山の頂上に夕日が沈んでいくように見えます。これを“ダイヤモンド富士”といい、シモバシラの氷の華とともに、冬の高尾山の人気となっています。日没は16時30分ごろなので、16時前には高尾山頂に行き、ゆっくりと夕陽が沈むのを待つのがいいでしょう。このときにはケーブルカーの運転も、18時まで時間延長されます。

高尾山頂からのダイヤモンド富士

高尾山の展望

高尾山からはどこまで見える？

高尾山は標高599mの低山ですが、関東山地の南東端部に位置して、そこから先は丘陵、台地、低地へと開けているため、山の上からの展望がとても良く、いくつもの展望地があります。

展望のよい地点として、自然研究路１号路沿いでは、金比羅台、ケーブルカー高尾山駅のある霞台、薬王院境内、高尾山山頂、稲荷山尾根の稲荷山、それに陣場山への縦走路沿いのもみじ台、一丁平、小仏城山山頂、景信山山頂、陣場山山頂などがあります。場所によって展望の開ける方向が違い、眺められるものにも違いがありますが、それぞれの所での眺めを楽しんでみましょう。

例えば、冬など晴れて空気が澄んだ日には、自然研究路１号路沿いの金比羅台で筑波山や都心方面が、霞台で東京都心から川崎、横浜方面、さらに東京湾や房総半島、三浦半島、相模湾、そして江ノ島まで見ることができます。

12月の冬至の頃、高尾山頂からは富士山の真上に太陽が沈んでいくのが眺められます。山頂に太陽がかかるときにダイヤモンドのように輝いて見えるので、“ダイヤモンド富士”と呼ばれ、これを見にたくさんの人が訪れます。

霞台からの八王子市街の夜景の満月

霞台からの東京都心の眺め

金比羅台から遠く筑波山が望める

高尾山の展望

霞台からの奥多摩の展望

一丁平からの滝子山

高尾山の眺望②

一丁平からの富士山と大室山

一丁平からの丹沢山塊

高尾山の歴史

薬王院の歴史

高尾山の中腹にある薬王院は正式には、高尾山薬王院有喜寺といい、真言宗智山派の大本山で、成田山新勝寺、川崎大師平間寺とともに、関東における三大本山の一寺に数えられる名刹です。

寺伝の縁起によると、奈良時代、天平十六年(744)に行基菩薩が、聖武天皇の勅願により草創したと伝えられています。そして南北朝時代、永和年間(1375～76)に、俊源大徳によって中興開山され、飯縄権現を本尊とし、山岳信仰の霊場としても、現在ひろく知られています。

戦国時代には、後北条氏が戦の守護神として飯縄権現を信仰し、軍事上の重要地点である高尾山を保護しました。さらに、江戸時代には徳川幕府の保護を受け、中期に飯縄権現堂など、現在の薬王院の基礎となる建物が揃ったのです。

明治時代に入ると、神仏分離令により打撃を受けましたが、薬王院有喜寺として真言宗智山派別格本山となって復興しました。

境内への入口、浄心門

杉並木の参道

大本坊へと向かう僧侶

薬王院の建物

山門（四天王門）

鐘楼

お札授与所

大本堂

本社飯縄権現堂

天狗社

福徳稲荷社

大師堂

大本堂への階段

奥ノ院

大本坊

琵琶滝・不動堂

蛇滝・清龍権現堂

高尾山南麓の自然研究路6号路が通る琵琶滝や、北麓の蛇滝は、薬王院の水行道場として開かれており、それぞれにお堂や石仏が立っており、修験道の厳粛な空気が漂っている。

滝修行体験

修験道の霊場として古くからの歴史がある高尾山では、山麓の琵琶滝、蛇滝の2つの滝で、滝修行の体験ができる。ハイキングコースから垣間見られる滝は、それほど大きな滝ではないように見えるが、実際にその目の前に立ち、さらに水に打たれると、その水圧に驚くほど。読経、お清めなど、一連の作法も説明してくれ、水行の流れを身をもって体験できる。琵琶滝水行道場☎042-667-9982(電話予約)、蛇滝水行道場☎042-665-7313(電話予約)、指導料3000円、入滝料1000円など、正月から節分までをのぞく毎月第1土曜日、18日(予約制)、28日のご縁日

琵琶滝での滝行体験

高尾山の施設

ビジターセンターとは、ビジター(訪問者)にその地域の自然について紹介するため、自然公園内に設置されている施設です。高尾山では、山頂に高尾ビジターセンターがあり、高尾山を訪れた人たちに、展示や解説、さまざまなプログラムなどを通じて、高尾周辺の自然や歴史、人と自然の関わりなどについての情報を提供しています。

とくに、高尾山の自然についてリアルタイムの情報を得るには、ビジターセンターが一番です。高尾山で見かけた花や鳥・虫、高尾山の散策路のことなど、丁寧にこたえてくれます。

館内には、展示室やレクチャールームがあり、常設展示や季節展示が行われています。そのほか書籍閲覧コーナーもあります。

1.高尾山山頂の一角に立つビジターセンター。困ったときの強い味方になってくれる。東京都のレンジャーも常駐している
2.ビジターセンターの入口にある窓口では、質問や相談に対応してくれるほか、ボードに現在の自然の状況や、通行止めなどのリアルタイムの情報が掲示されているので、必ず確認しておこう。
3.木のぬくもりあふれる館内では、季節ごとの高尾の自然や高尾の歴史についての展示が見られる。
4.スライドショーなどが行なわれる講義室もある

利用案内

☎042-664-7872
10〜16時、無料、第3月曜日(祝日の場合はその翌日)、年末年始休館
http://www2.ocn.ne.jp/~takao-vc/

●スライド上映会(約15分)
1日3回、高尾の自然をスライドで紹介
●ガイドウォーク(約50分)
13:00〜　山頂周辺で行う自然観察会

また、常駐のインタープリター(解説員)によるスライドショーやガイドウォーク(観察会)などのプログラムが、毎日定時に実施されています。高尾山の山頂まで登ったら、ぜひ参加してみましょう。個人向けだけでなく、団体向けのプログラムも用意されています。

その他、解説員や高尾パークボランティアが企画・主催する行事・イベントも開催されています。

ガイドウォークを体験してみよう

(※毎日内容が変わります)

自然観察の基本的なことを学びながら、今の自然の面白いトピックを実物を見ながら解説してくれるので、とてもいい体験になる。9月のある日に行なわれたガイドウォークをのぞいてみよう。

1. まずは自己紹介から。そして今日のルートを確認
2. さっそく出発。今回は5号路を中心に観察する
3. まずは足元に落ちているどんぐりを拾ってみることに
4. クヌギのどんぐりに空いている穴は、チョッキリという虫が卵を産みつけた穴
5. 大きな木の周りには、葉がたくさん落ちている。その葉について学習
6. 葉の形などをじっくり観察
7. ルーペを手渡されて、いろいろなものを拡大してみる
8. 拡大してみたこの花はノブキ
9. このようにいろいろなものを観察しながら、約50分間の散策をする

高尾山の施設

高尾山には、山麓から山の上へと結ぶ、ケーブルカーとリフトがあります。

高尾山ケーブルカー

高尾山ケーブルカーは、大正時代に工事が進められ、1927年に営業が開始されたものです。戦時中に一時休止しましたが、戦後の1949年に再開され、1968年に全自動制御の近代的ケーブルカーに生まれ変わって現在に至っています。

ケーブルカーは山麓の清滝駅(海抜201m)から山の上の高尾山駅(海抜472m)まで約1㎞、高低差271mを約6分で結んでいます。高度が上がるにつれ下方を見ると、向かいの尾根の先に関東平野方面の眺望が開け、ケーブルカーが急勾配の斜面を上がっていくのがわかります。上部では、最大傾斜31度18分というケーブルカーとして日本一の急勾配の地点を通過し、座っていても滑り落ちそうな感覚にとらわれます。

ケーブルカーの車輌は、“あおば号”と“もみじ号”で、2008年12月に四代目として窓の大きい新型車両が登場しました。

新しくなったケーブルカー

春や秋は特に気持ちがいいリフト

高尾山エコーリフト

ケーブルカーとともに、高尾山にはリフトもかかっています。1964年10月に1人乗りリフトとして営業が開始され、1971年9月には2人乗りのリフトとなりました。

清滝駅から少し上がったところにある山麓駅(海抜224m)から山上駅(海抜462m)まで全長872m、高低差237mを約12分で結んでいます。ゆっくりした速度のリフトに乗れば、自生するモミの大木の梢を横に見、植林された北山台杉を下に眺めるなど、実に開放感あふれる空中散歩が楽しめます。また、沿線に生えるいろいろな木々の花や実、それに紅葉などの観察もできます。特に下りでは、前方に多摩丘陵や武蔵野台地、八王子市街から都心の高層ビル群まで望め、それに向かって降りていく気分になります。

月別おすすめ
自然観察コース

1月  高尾山初詣と常緑樹の森……114

2月  陽だまりの雑木林……116

3月  早春の裏高尾・山麓歩き……118

4月  高尾山の新緑……120

5月  セッコクの花咲く渓流の道……122

6月  さえずり響く森……124

7月  ヤマユリ咲く尾根道……126

8月  涼しい沢沿いの道……128

9月  秋草咲く南高尾山稜……130

10月  秋の花咲く尾根道……132

11月  紅葉の森……134

12月  紅葉と落ち葉の東高尾山稜……136

月別おすすめ
自然観察コース **1月**

コーステーマ

高尾山初詣と常緑樹の森

冬でも緑の森を歩こう

歩行時間	3時間
スタート地点	霞台(ケーブルカー高尾山駅前)
ゴール地点	霞台(ケーブルカー高尾山駅前)
ルート	霞台→女坂(男坂)→薬王院→富士道→3号路→2号路(南側)→霞台

高尾山の山腹には薬王院があり、1月はたくさんの人が初詣に訪れます。しかし、冬の高尾山は都心にくらべれば寒いところに間違いなく、自然を訪ねる気がしないかもしれません。でも、高尾山の中が一様に寒いのではなく、場所によって寒暖の差が見られます。薬王院のあたりは、比較的寒さの和らぐところに位置していて、冬の晴れた風の弱い夜から明け方にかけては、山麓部や山頂ほど気温が低くはなりません。薬王院への初詣をしながら、冬でも緑の葉が茂る森を歩いてみるのも楽しいものです。

ケーブルカー高尾山駅を降りて、自然研究路1号路を進めば15分ほどで薬王院に着きます。この境内はムササビがよく観察できるところです。昼間は姿を現しませんが、鐘楼の下にあたる八大龍王堂裏辺りを探してみると、ムササビに食べられたヤブツバキのつぼみが見つかるかもしれません。

1号路を薬王院から先には進まず、客殿の脇を通り、富士道と呼ばれる山頂への道を行きます。途中、アカガシやウラジロガシの大きな木が見られます。途中左手から合流する3号路に入り、2号路南側を通って霞台に戻るコースを歩きます。山頂に寄るなら5号路

観察のポイント

カゴノキの樹肌

自然研究路3号路は常緑広葉樹の森を通っています。いろいろな常緑樹もそれぞれ特徴ある樹肌をしています。なかでもカゴノキ(鹿子の木)は、名のように小鹿のような模様なので目立ちます。その他の木の肌はどうでしょうか？ (⇒P35樹木図鑑参照)

1カゴノキの樹肌
2カゴノキの雄花
3カゴノキの雌花(実)

カシ類の実

3号路はカシの仲間が多いところです。高尾山では5種類のカシが見られますが(⇒P30と樹木図鑑参照)、おもしろいことに名の“○○カシ”のカが、カだと1年で実が熟し、ガと濁点のつくものは2年かかります。

アラカシの実

アカガシの実

その他のポイント

- 斜面の温暖帯⇒P100気温分布
- ムササビ⇒P86
- 薬王院⇒P106

を経由するとすぐに山頂直下に着きます。3号路は、最初はモミやヤマザクラの大木が目立つジグザグの下りですが、あとはほとんど水平の道を歩きます。高尾山で見られる5種類のカシや、スダジイ・カゴノキ・サカキ・ヤブツバキなどいろいろな常緑広葉樹が緑の葉を広げ、モミ・カヤ・イヌガヤ・スギ・ヒノキの針葉樹も見られます。葉だけでなく樹肌にも特徴があるのに気づくでしょう。

コーステーマ

陽だまりの雑木林

木々の落ち葉や冬芽をよく見よう

歩行時間	2時間
スタート地点	京王高尾山口駅
ゴール地点	高尾山頂
ルート	稲荷山尾根

高尾山の南側を麓から山頂へとのびているのが、稲荷山尾根です。ここは雑木林が多く、陽当たりがよいので、冬でも楽しいコースです。雑木林は古くから人が薪や炭、堆肥等を得るために利用してきた半自然の林で、伐り株から萌芽してきたために、何本かの幹が束になって生えています。人が利用してきた林といっても植林とは違い、コナラやクリをはじめいろいろな木々が生え、たくさんの種類の草木が見られます。

ケーブルカーの清滝駅の左脇が稲荷山尾根の登山口で、そこから前の沢の小さな橋を渡り登っていきます。冬の一番寒い時期とはいっても、落葉樹の多い雑木林は陽当たりもよく、落ち葉だけでなく、木々の葉を落とした痕(葉痕)や春の準備をした冬芽、それにまだ残っている木の実や足元に落ちているドングリなど、いろいろと楽しみながら歩けます。

途中の稲荷山山頂は東屋があり、また八王子市街から都心のビル群まで眺めがいいので、一休みするのに絶好なところです。

えさを求めて移動していく野鳥の群れなどにも出会えるでしょう。この季節、野鳥の声はさえずりでなく地鳴きなので聞き分けは難しいのですが、代わって葉を落とした雑木林は鳥の姿をみやすくしてくれます。また、このコースには

観察のポイント

冬芽・葉痕

冬の雑木林歩きの楽しみの一つに、木々の冬芽や葉痕（⇒P46参照）の観察があります。いろいろな顔をした葉痕や冬芽を探してみましょう。

クロモジの冬芽

ネムノキの葉痕

サンショウの葉痕

カンアオイ

（カントウカンアオイ）

カンアオイの花は10月下旬から咲き出し、3月頃まで形が残っています。ただ、地面に埋もれるように咲き、落ち葉に覆われることもあるので目立ちません。同じ仲間のタマノカンアオイの花は、5月頃咲き出します。

カントウカンアオイ

タマノカンアオイ

その他のポイント

● 雑木林⇒P34

● 野鳥⇒P88

常緑樹もいろいろ生えていますが、その一つヤブツバキは咲き始め、くちばしのまわりに花粉をつけたメジロやヒヨドリがさかんに花の蜜を吸っているのも見られかもしれません。

いろいろなものを観ながら上り、6号路への分岐をすぎると南側を伐採されて明るくなった植林の路となります。さらに5号路の分岐から正面の木の急階段を登れば山頂です。

コーステーマ

早春の裏高尾・山麓歩き

早春の花たちに会いに行こう

歩行時間	3時間
スタート地点	JR・京王線 高尾駅
ゴール地点	JR・京王線 高尾駅
ルート	高尾駅⇒(京王バス)⇒日影→日影沢キャンプ場→日影→小仏川沿いに下流→駒木野→高尾駅

高尾山の春は山麓から始まります。高尾山の北麓・裏高尾を流れる小仏川沿いの道を歩くと、スプリング・エフェメラルの花たちをはじめ、いろいろな春の花に出会えます。

まずは、JR(京王線)高尾駅北口から小仏行のバスに乗り、日影バス停で降ります。小仏川の対岸にはカツラ植林があり、3月下旬には花びらのない真っ赤な花を咲かせます。そこから小さな橋を渡り、まずはカツラ林下の水辺に下りてみると、ハナネコノメやコチャルメルソウの小さな花がもう咲きだしています。日影沢のキャンプ場への道端や水辺には、アズマイチゲ、ニリンソウなどが咲いていますし、すみれの仲間も多く、すみれの春一番・アオイスミレも咲いているでしょう。

キャンプ場から戻り、小仏川沿いに歩いても、春の花がいろいろ見られます。日影から下流へ、蛇滝方面への入口までは車道歩きですが、道端にはコスミレ・ノジスミレ・ヒメスミレといった人里のすみれが咲きだしています。湯の花梅林を過ぎ梅郷遊歩道に入ると、小仏川辺にフサザクラが短命の花を咲かせ、アブラチャンやキブシ

観察のポイント

ネコノメソウの仲間

高尾山周辺には、ユキノシタ科のネコノメソウの仲間が5種ほど見られ、春早くから咲き出します。猫の目の名は、割れた実と中のタネの様子からつけられたものです。

1ネコノメソウ：水に浸るような所に咲く。葉は対生。がくと苞葉は黄色。
2ハナネコノメ：白いがくと赤いおしべの葯のアクセントが美しい
3ヨゴレネコノメ：渋い焦げ茶色の葉と鮮やかな黄色い苞葉のコントラストがきれい。
4ヤマネコノメソウ：水辺から離れた所にも見られ、花後に猫の目が目立つ。葉は互生。
5ツルネコノメソウ：茎を立てその先に咲く。花後は走出枝を四方に伸ばし、葉も大きい。

フサザクラとカツラ

小仏川沿いにはカツラの植林やフサザクラが見られ、春早くに赤い花を咲かせます。どちらも花びらがなく、カツラは雄と雌が別の株で、それぞれの花の雄しべや雌しべが赤く、またフサザクラは雌しべが赤い束になって咲きます。花が咲いているのはほんの数日で、見そこなってしまうこともあります。

1フサザクラの花
2カツラの雄花
3うっすらと色づくカツラ林

その他のポイント

●スプリング・エフェメラル⇒P58
●春の花⇒P76（春の野草）

も咲きはじめます。ここでも、アズマイチゲ、ヤマエンゴサク、ハナネコノメ、コチャルメルソウ、すみれの仲間などいろいろ見られます。水面すれすれに飛んでいくカワセミや、キセキレイのエサ探しを見ることもあります。遊歩道を抜け、あとは高尾駅までの歩きです。

月別おすすめ
自然観察コース 4月

コーステーマ

高尾山の新緑

緑広がる森を歩こう

歩行時間	4時間(ケーブルカー利用時は3時間)
スタート地点	京王高尾山口駅
ゴール地点	裏高尾・日影
ルート	高尾山口駅→1号路(あるいはケーブルカー清滝駅⇒高尾山駅)→1号路→4号路→いろはの森→日影沢→日影(⇒バスでJR高尾駅北口)

4月に入れば、高尾山はすっかり春です。日一日姿を変えていく新緑の森とそこに咲く春の花たちを見、鳥たちのさえずりを聞きながら歩くのなら、自然研究路の1号路から4号路に入り、途中からいろはの森を下って日影沢に出るコースがいいでしょう。

ケーブルカー清滝駅前の広場の手前から1号路が始まります。最初は沢沿いの道ですが、道端には高尾山の名のついたタカオスミレなどすみれの仲間がいろいろ咲きます。沢の奥、布流滝から急な坂を上ると尾根に出ます。この辺りはカシ林で、さらに先の急坂を上る辺りからイヌブナ林も出てきます。道がゆるやかになり、ケーブルカー高尾山駅前に到着。八王子市街地から、遠く都心部、横浜や湘南方面まで展望が開けます。

さらに1号路を進み、浄心門の手前から4号路に入ります。イヌブナ林の中を行く水平な道は明るく、野鳥のさえずりが聞こえてくる楽しいコースです。途中で吊り橋を渡り、急な坂を上れば、モミ林の尾根に出ます。

そのすぐ先からいろはの森に入り、モミ林の下に落葉樹が多い道を日影沢へと下ります。いろはの森を出たところが日影沢キャンプ

観察のポイント

雄花と雌花

植物の花は、一つの木や草で、雄花と雌花が別のもの（雌雄異花）、雄しべと雌しべが一緒の花（両性花）、雄花と雌花が別々の株（雌雄別株）につくものなどが見られます。このコースでも、雄・雌が別株で、それぞれに雄花・雌花が咲くものが見られます。また、一つの木で、雄花と雌花が別のものも生えています。探して見ましょう。

●雌雄別株のもの

1 アオキの雄花
2 アオキの雌花
3 ミヤマシキミの雄花
4 ミヤマシキミの雌花
5 ヒサカキの雄花（下）・雌花

●雌雄異花のもの

1 アカシデ
2 オニグルミ

その他のポイント

● すみれの仲間⇒P48～
● 春の花⇒P76～

場。ここから日影沢に沿う道を下流に向かえば、道端にタカオスミレ・ナガバノスミレサイシンなどのすみれ類をはじめ、コチャルメルソウ・ユリワサビ・ニリンソウなど、いろいろな花が見られます。そして、カツラ林を過ぎると日影バス停はもうすぐです。

コーステーマ

セッコクの花咲く渓流の道

水辺の生きものたちを見てみよう

歩行時間	2時間
スタート地点	京王高尾山口駅
ゴール地点	高尾山頂
ルート	京王高尾山口駅→自然研究路6号路→5号路分岐→高尾山頂

5月の高尾山の森は鮮やかな緑が広がり、鳥たちのさえずりがあちこちから聞こえてきます。この季節は自然研究路6号路を歩いてみるのもいいでしょう。このコースは前の沢と呼ばれる沢沿いに、高尾山頂に向かいます。歩くと水辺のひんやりとした空気が心地よく感じられます。

ケーブルカーの清滝駅の左横から6号路に向かいます。車道から離れ、沢沿いの道を行くと琵琶滝があり、その脇から道は狭くなって、登っていきます。5月初旬には、高尾山で一番遅く咲くすみれのコミヤマスミレが、白い小さな花を開いています。コクサギ・チドリノキ・ハナイカダなど、ちょっとおもしろい木々も見られます。またこのコースにはいろいろなシダが目につきます。下旬頃は、ゆるやかに続く道の谷側に生えた大きなスギの枝に、ラン科のセッコクの花が見られるでしょう。水辺には、ミヤマカワトンボやサナエトンボ、それに生きた化石といわれるムカシトンボも飛びます。また、オオルリ・キビタキ・クロツグミなど、声のいい夏鳥たちのさえず

観察のポイント

ちょっとおもしろい木々

木に着生しているセッコクもそうですが、沢沿いの湿った所に生えている植物の中には、ちょっと変わった・おもしろい植物が見られます。

葉の真ん中に花が咲くもの、枝につく葉の並び方が変わっているもの、切れ込みのない葉や3つに分かれた葉を持つカエデなどが生えています。

1.2ハナイカダ：葉の真ん中に花(1)が咲きます。雌雄別株で、1枚の葉に、雄花は2～4個、雌花はふつう1個、それぞれにつけます。よく見ると花のところまで葉脈(主脈)が太くなっています。どうしてでしょう。

1

2

3.4.5コクサギ：枝についた葉(3)を見ると、片側に2枚、次に反対側に2枚と、交互に2枚ずつ付いているように見えます。これをコクサギ型葉序といいます。4は雄花、5は雌花です。

3

4

5

6チドリノキ：カエデの仲間ですが、葉は切れ込んでいません。

7ミツデカエデ：カエデの仲間で、葉が3つに分かれています。メグスリノキも同じように3つに分かれた葉をもつカエデです。

6

7

その他のポイント

- セッコク(木で暮らす植物)⇒P60
- シダ⇒P70

りも聞こえてきます。

大山橋を渡り、沢をつめ、飛び石伝いの道を上がると、急なのぼりとなり、モミの大木が目立つ尾根に出ます。すぐに5号路に合流し、新緑のカツラ林を右手に見ながら上って行くと高尾山頂に着きます。

コーステーマ

さえずり響く森

鳥たちの歌を聴こう

歩行時間	3時間
スタート地点	京王高尾山口駅
ゴール地点	高尾山頂
ルート	高尾山口→自然研究路1号路→浄心門→4号路→いろはの森→1号路→高尾山頂

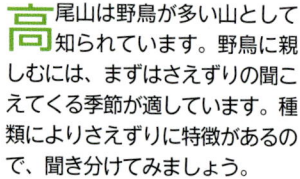

高尾山は野鳥が多い山として知られています。野鳥に親しむには、まずはさえずりの聞こえてくる季節が適しています。種類によりさえずりに特徴があるので、聞き分けてみましょう。

梅雨時で山歩きがうっとうしく感じられるかも知れませんが、鳥たちのさえずりを聞きながら歩くと、気分も晴れやかになって、この季節ならではの花に会えたりもします。

コースは自然研究路の1号路から4号路を通って高尾山頂へ。沢沿いの道から尾根道、常緑樹の森から落葉樹の森、そして針葉樹の森、といろいろな環境の中を歩きます。

まずは1号路の沢沿いではオオルリのさえずりが響き、ホオジロやヤブサメの声も聞こえてきます。尾根に出て上って行くにつれ、いろいろな鳥たちに出会えます。浄心門手前から右に4号路へ入ってイヌブナ林の中を進みます。森の中から聞こえてくるさえずりは、キビタキ・クロツグミ・オオルリ・メジロ……。最近入り込んで繁殖しているカビチョウのにぎやかな声は、他の鳥たちの声を消してしまいそう。吊り橋を渡り、モミ林の尾根に出て一休み。忙しそうなヒガラの声も聞こえます。4号路をそのまま進まず、大木が多いいろはの森経由で1号路に出て山頂へ向かいます。帰りは、山頂から6号路に下るか、3号路を通って戻るといいでしょう。

腐生植物のギンリョウソウ・ム

観察のポイント

野鳥のさえずり

梅雨のうっとうしい季節ですが、高尾山の森のなかから、鳥たちのうつくしいさえずりが聞こえてきます。“さえずり”は、主として春から夏にかけての繁殖期に聞かれる声で、なわばり宣言や恋の歌なのです。緑濃くなった森は、葉がひろがって鳥たちの姿が見えにくくなりますが、それぞれの鳥のさえずりには特徴があるので、声で識別できます。ただ、図鑑などに鳴き声が書かれていますが、声を文字に置き換えるのはむずかしく、どんな調子で鳴いているのかは実際に聞いて覚えないと、なかなか一致しません。

“ききなし”といって、声を人間の言葉に置き換えてみると覚えやすい鳥もいます。例えば、

●ウグイス：法、法華経（ほーほけきょう）
●メジロ：長兵衛、忠兵衛、長忠兵衛（ちょうべい、ちゅうべい、ちょうちゅうべい）
●ホオジロ：一筆啓上仕り候（いっぴつけいじょうつかまつりそうろう）
　札幌ラーメン味噌ラーメン（さっぽろラーメンみそラーメン）
●ホトトギス：特許許可局（とっきょきょかきょく）
●イカル：蓑笠欲しーぃ（みのかさほしーぃ）
　お菊二十四（おきくにじゅうし）
●センダイムシクイ：焼酎一杯グイーッ（しょうちゅういっぱいぐいーっ）
●サンコウチョウ：月日星ホイホイホイ（つきひほしほいほいほい）
●コジュケイ：ちょっと来い、ちょっと来い（ちょっとこい、ちょっとこい）

といった感じです。

そのほか夏の高尾山では、オオルリ・キビタキ・クロツグミなどのさえずりがよく聞こえてきますが、“ききなし”として表現するのがむずかしい鳥です。皆さんにはどのように聞こえますか。

●オオルリ：チーリーロー・ジジッ
●キビタキ：ポーピッピルル、オーシーツクツク
●クロツグミ：キョロリキョロリキャラキャラツリー

※野鳥を観察し、覚えるには、鳥に詳しい人と歩き、教えてもらうのが一番です。高尾山では、毎月第4日曜日に、日本野鳥の会東京支部の探鳥会が行われていますので、それに参加してみるのもいいでしょう。

その他のポイント

●腐生植物・寄生植物⇒P62腐生植物

ヨウラン・キバナノショウキランなどや、寄生植物のハマウツボ科のキヨスミウツボなどが咲く季節なので、運よく出会えるかもしれません。そのほか、ヤマアジサイ・イナモリソウなどが咲いています。

コーステーマ

ヤマユリ咲く尾根道

夏の花や虫たちに会いに行こう

歩行時間	4時間
スタート地点	京王高尾山口駅
ゴール地点	裏高尾日影
ルート	高尾山口⇒(神奈中バス)⇒大垂水→都県境尾根→小仏城山→日影沢→日影⇒(京王バス)⇒JR高尾

梅雨明けの頃、高尾山にヤマユリが咲きます。ヤマユリは、高尾山のある八王子市の花でもあり、あちこちからあの強い香が漂ってきて、その花の存在が分かるくらいでした。ところがもう10年位前から急にヤマユリが少なくなってしまいました。その大きな原因がイノシシの食害で、ユリの根(鱗茎)が食べられてしまうのです。

少なくなってしまったヤマユリを探し、夏の花やチョウ・セミ・トンボなどの虫たちにも目を向けてみるのも楽しいものです。

大垂水峠から小仏城山、そして日影沢へのコースです。高尾山口からバス(午前は10:09発しかない)で大垂水下車。国道20号を少し戻り、大垂水峠から西に都県境の尾根を上り小仏城山へむかいます。この道は、「関東ふれあいの道」にもなっています。スギ・ヒノキの植林に雑木林の混じる道は、防火帯だったため幅広い草地で、少なくなってしまったヤマユリや夏の花が見られます。木々の根もと近くからヒグラシが驚いたように飛び出したりします。大平林道からの道と合う所から小仏城山に向かう急な上りも幅広い草地の道で、いろいろな花が咲き始めています。

観察のポイント

セミ

高尾山のあちこちからセミの声が聞こえてきます。夏の高尾山とその周辺には、ヒグラシ・ニイニイゼミ・アブラゼミ・ミンミンゼミ・ツクツクボウシ・エゾゼミ・アカエゾゼミがいます。それに初夏にはハルゼミが鳴きます。西日本に多いクマゼミの声を、夏の高尾山麓で聞くことがありますが、おそらく他の地域から飛んできたものでしょう。また、ヒメハルゼミも隣接地での生息記録がありますが、現在はどうでしょうか。

セミは、鳴き声で区別できますが、ぬけがら(脱皮殻)でも種類が分かります。

●高尾山のセミ

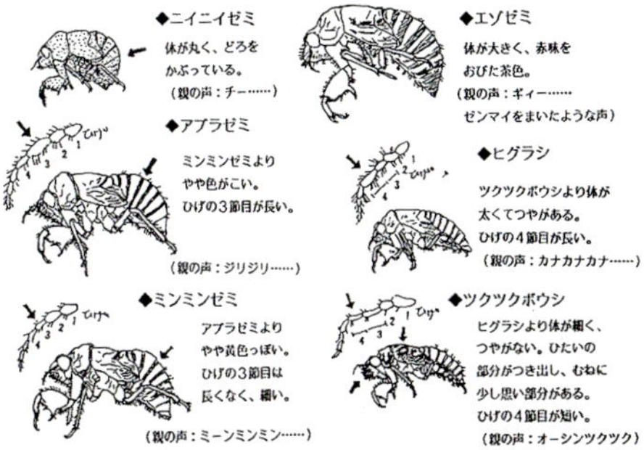
◆ニイニイゼミ
体が丸く、どろをかぶっている。
(親の声：チー……)
◆エゾゼミ
体が大きく、赤味をおびた茶色。
(親の声：ギィー……ゼンマイをまいたような声)
◆アブラゼミ
ミンミンゼミよりやや色がこい。
ひげの3節目が長い。
(親の声：ジリジリ……)
◆ヒグラシ
ツクツクボウシより体が太くてつやがある。
ひげの4節目が長い。
(親の声：カナカナカナ……)
◆ミンミンゼミ
アブラゼミよりやや黄色っぽい。
ひげの3節目は長くなく、細い。
(親の声：ミーンミンミン……)
◆ツクツクボウシ
ヒグラシより体が細く、つやがない。ひたいの部分がつき出し、むねに少し黒い部分がある。
ひげの4節目が短い。
(親の声：オーシンツクツク)

その他のポイント

●チョウやトンボ⇒P91 高尾山の昆虫

小仏城山で一休みしたら、日影沢へ下ります。NTT無線中継所の脇から、ヤマユリなど咲く舗装された道を下ると、日影沢の谷です。沢沿いの道の水辺ではオニヤンマやミヤマカワトンボが飛び、カラスアゲハ・モンキチョウ・サカハチチョウなどにも出会うでしょう。日影沢キャンプ場に出れば、日影バス停はすぐです。

コーステーマ

涼しい沢沿いの道

涼しい水辺で自然観察を

歩行時間	2時間
スタート地点	裏高尾・日影
ゴール地点	裏高尾・日影
ルート	日影→日影沢キャンプ場→日影沢林道→日影

暑い夏。たまには山に登らず、涼しい沢沿いの道をゆっくり歩いて見ましょう。水辺にミヤマカワトンボが飛び、夏の花が咲いています。コースは裏高尾の日影沢で、歩けば正味2時間足らずの道を、のんびりとチョウやトンボなどを見、花を探して歩きます。

JR高尾駅前から小仏行きのバスに乗り、日影バス停下車。少し先のカツラ林から日影沢歩きがはじまります。沢沿いにツル植物のセンニンソウやボタンヅルが木にからんで、白い花をいっぱいつけているのが目につきます。道端では、ミズタマソウやマツカゼソウのかわいらしい花にも出会えるでしょう。水辺の木陰には、ヒガンバナに似た朱色の花が咲いています。キツネノカミソリです。花は目立つのに、葉はありません。同じ仲間のヒガンバナとともに、おもしろい暮らし方をする植物です。アゲハチョウの仲間がやってくるのは、蜜がおいしいからでしょうか。

さらに見ていくと、キツリフネ・アキノタムラソウ・ガンクビソウ・ヤマホトトギス・ウバユリなど、いろいろな花が見られます。水辺に目立つのはタマアジサイの

観察のポイント

キツネノカミソリの暮らし方

1 キツネノカミソリの花
2 早春の若葉
3 ヒガンバナ
4 オオキツネノカミソリ

キツネノカミソリは、夏の盛りに花を咲かせますが、よく見ると葉が見当たりません。同じように、1ヵ月ほど後の秋の彼岸頃に咲くヒガンバナも花の時に葉がありません。花もよく似ているのは、どちらもヒガンバナ科だからです。

それではキツネノカミソリの葉は？花の頃にはもう枯れてしまっているのです。早春、スプリング・エフェメラルと呼ばれる花たちが咲く頃、キツネノカミソリは葉を出します。名は葉の姿からついたものですが、スイセンの葉に似ています。スイセンもヒガンバナ科なのです。キツネノカミソリの葉は、日を浴びて栄養を蓄え、夏には枯れて花茎を出します。一方、ヒガンバナは秋咲いたあと葉を出して冬を越し、初夏には枯れて地上部は姿を消すのです。スイセンは、花と葉が一緒に見られます。それぞれ違った暮らし方なのです。

沢沿いに咲く花

1 ミズタマソウ
2 マツカゼソウ
3 ボタンヅル

その他のポイント ● 夏の野草⇒P80-81

花。アジサイというと梅雨時の花と思いがちですが、タマアジサイは夏の花なのです。

日影沢キャンプ場近くで、ヤブミョウガやオオガンクビソウが咲いています。クサギの花のにおいを嗅いでみると、くさい葉の臭いとは違い、ヤマユリの花の香そっくりです。

キャンプ場の先あたりまででも、きっとおもしろい自然がいろいろ見つかるでしょう。

コーステーマ

秋草咲く南高尾山稜

尾根や沢の自然を楽しもう

歩行時間	4時間
スタート地点	京王高尾山口駅
ゴール地点	京王高尾山口駅
ルート	高尾山口→山下→入沢→西山峠→南高尾山稜→三沢峠→榎窪沢→梅の木平→高尾山口

まだ夏の8月終わりごろから秋の花が咲き出しています。9月になれば、たくさんの秋草の花が見られます。沢と尾根、それぞれの環境を好む野草の花を訪ねて見ましょう。秋の花には、キク科やシソ科の仲間が多いのですが、その他にもいろいろな花が見られます。また、それらの花々にやってきて蜜を吸っているチョウも目立ちます。そんな出会いを求めて、南高尾山稜を歩いてみましょう。

南高尾山稜は、大垂水峠から峰の薬師方面へ、東京都と神奈川県を境とする尾根ですが、そのうち西山峠から三沢峠までの部分とそこへの上り下りの沢を、ここでは歩きます。高尾山口から甲州街道(国道20号)を山下まで行き(バスでも行けるが、午前中1本しかない)、そこから入沢に入ります。沢沿いの道では、シュウブンソウ・ツリフネソウ・ミズヒキ・ミゾソバ・ヤマゼリなどいろいろ咲いているでしょう。西山峠に上ると、関東ふれあいの道でもある、雑木林の多い明るい尾根道になります。ノハラアザミ・アキノキリンソウ・オケラ・ヒヨドリバナ・マルバハギ・ツリガネニンジンなど、秋の花がいろいろ見られます。すっかり少なくなってしまったキセワタに出会えるかもしれません。

三沢峠からは榎窪沢へ下り、梅

観察のポイント

花を拡大して見よう

道端に咲いている花をよく見たことがありますか？

草全体、あるいは花を眺めるだけでも、名前がわかったり、美しいと感じたりするので、さらに花をよく見ようとしないかもしれません。でも、花にグーッと近づいて観てみると、今までとはちょっと違った世界が広がります。ルーペ(虫眼鏡)などを使って覗いてみると楽しくなってきます。秋の花だけでなく、春や夏の花たちも、ルーペを使ってよく覗いて見ましょう。

1ノブキ
キク科なので、一つの花に見えるのは小さな花の集まり。全体に地味な感じだが、拡大して見ると、外側に小花は実をつくる雌花、内側に花粉を出す雄花が見え、美しい。

2シュウブンソウ
キク科。外側に舌状の小花、内側に筒状の小花が並んでいる。

3ハナネコノメ
人気のある早春の花は、花びらのような白いがくと真っ赤な雄しべのコントラストがきれいだ。

4コチャルメルソウ
雪の結晶を五角形にしたような花。魚の骨のように見えるものが花びら。

その他のポイント

● チョウ(写真:シラネセンキュウで吸蜜するアサギマダラ)⇒P91 高尾山の昆虫

の木平へと向います。沢に下りれば、ここでも道端に、アズマヤマアザミ・ツルニンジン・キバナアキギリ・ノブキなどたくさんの花に出会えます。また、道に沁みだした水を吸うカラスアゲハや、シラネセンキュウなどの蜜を吸うアサギマダラを見かけることもあります。

カタクリやヤマブキソウの保護地のある梅の木平に出て、高尾山口まで歩きます。

コーステーマ

秋の花咲く尾根道

キクの仲間を探してみよう

歩行時間	5時間
スタート地点	陣馬高原下
ゴール地点	小仏
ルート	陣馬高原下→和田峠→陣場山→明王峠→堂所山→景信山→小仏

秋の高尾山から陣場山にかけ、いろいろな花が咲きます。なかでも野菊の仲間やアザミの仲間、それにカシワバハグマ・コウヤボウキ…など、キク科の花が目立ちます。そのほか、シモバシラなどシソ科の花や、ツリガネニンジン・リンドウ・センブリ・ワレモコウなど、いろいろな秋の花が咲きます。

　秋の花を楽しむのなら、陣場山から景信山にかけての尾根道を歩くのもいいでしょう。草原の山頂や雑木林のある明るい尾根道では、野草だけでなく、富士山などの眺めも楽しめるコースです。

　JR高尾駅前から出るバスで陣馬高原下へ。そこから陣場山への上りは、和田峠経由の道と、陣馬新道の2コースがあります。どちらも、ツリフネソウ・ミズヒキ・ミゾソバ・ガンクビソウなどを見ながらの上りです。陣場山頂付近は秋の花がいろいろ咲く草原が広がっています。山頂からは360度の展望が開け、富士山はもとより、丹沢山塊・大菩薩嶺・奥多摩の

観察のポイント

野菊の仲間

秋の野山は、いろいろなキクの仲間が目につきます。なかでも野菊と呼ばれ親しまれてきた、きれいな花を咲かせるものがあります。よく見ると野菊には、いろいろあることに気づくでしょう。庭に植えているキクそっくりなリュウノウギクやアワコガネギク、いかにも野菊らしいノコンギクなど、秋の高尾山ではいろいろな野菊に出会えます。野菊のほかにも、同じキク科のアザミの仲間もいくつか咲いています。

1リュウノウギク：庭に植えるキクにとてもよく似ている。陽当たりのよい所や崖に多い。野菊の仲間では遅く咲く。
2アワコガネギク：キクタニギクとも呼ばれ、黄色い花を咲かせる。リュウノウギクよりやや湿った所に生えるが、高尾山では少ない。
3ノコンギク：野菊の代表ともいえるように、あちこちで群生している。うす紫色のやさしい感じのする花を咲かせる。
4シロヨメナ：林の縁などの木陰に多く、白い花を咲かせる。葉は鋸歯が鋭く3脈が目立つ。
5シラヤマギク：比較的乾いた尾根筋に見られ、白い花を咲かせる。背が高く、根もとの葉はハート形で大きい。
6ユウガギク：少し湿り気のある道端でよく見かける。白い花を咲かせ、葉は羽状に切れ込む。

その他のポイント

● 草原に咲く秋の花⇒P82野草図鑑
● 陣場山や景信山からの展望⇒p102

山々・日光連山・奥秩父・…、と見渡せます。景信山へは起伏のある尾根道を進みますが、明るい雑木林もあり、林縁や道端の花を見ながら行けば苦になりません。景信山頂からは、尾根続きの小仏城山や高尾山、ビルが建ち並ぶ都心方面などの展望が開けます。一休みしたら、左(東側)の支尾根からか、小仏峠経由からの、どちらかのコースをとって、バス停のある小仏へ下ります。

月別おすすめ
自然観察コース 11月

コーステーマ 紅葉の森

色とりどりの木々を楽しもう

歩行時間	4時間
スタート地点	ケーブルカー高尾山駅
ゴール地点	JR高尾駅
ルート	霞台→2号路(北側)→4号路→いろはの森→日影沢→日影(バス停)⇒JR高尾駅

高尾山には落葉広葉樹が多く、秋には美しく色づきます。決して派手ではありませんが、高尾山は身近に紅葉を楽しむ絶好の山といえます。11月中旬頃に紅葉の盛りを迎えます。

紅葉する樹木としては、イロハモミジ・アカシデなどが赤く、イタヤカエデ・ダンコウバイなどが黄色く色づきます。高尾山の森を代表するブナやイヌブナは少し茶色がかった黄葉を見せてくれます。

高尾山の紅葉を楽しむのなら、落葉広葉樹の多い森を通る、自然研究路2号路(北側部分)から4号路を歩き、いろはの森を日影沢に下るコースがあります。

紅葉の森をゆっくり楽しむため、ケーブルカーを使い、山上の高尾山駅からの出発です。駅に降りると、目の前に紅葉のイヌブナ林が広がっています。真っ赤に色づいたメグスリノキなど見ながら、すぐ先の2号路に入ります。蛇滝への下り道を右に分けてイヌブナ林を進むと、すぐに4号路に出てしまいます。吊り橋までの水平の道では、イヌブナやブナはもちろん、オオモミジ・サワシバ・イタヤカエデなどが赤や黄色に色づいています。

観察のポイント

紅葉・黄葉

秋は紅葉の季節。高尾山でも落葉広葉樹林が赤や黄色に美しく色づきます。見ごろは年によってずれはありますが、おおよそ11月中旬頃です。

秋が深まって気温が低下し、生育不適な季節になると、落葉樹は枝と葉の境目に“離層”という仕切りを作って、枝と葉の間の栄養や水の行き来を止めてしまいます。光を捕まえて栄養を作っていた緑の色素(葉緑素)が役目を終えて壊れると、緑の葉の中に含まれていた黄色い色素(カロチノイド)が見えるようになり、黄葉となるのです。一方、赤い色は緑の葉には含まれていなかったものですが、気温の低下とともに葉に蓄積されていた糖分などから赤い色素(アントシアン)が作られて、鮮やかな紅葉になるのです。

それでは、この森に生えている木々で、紅葉・黄葉を探して見ましょう。

1ブナ　**2**イヌブナ　**3**オオモミジ
4ウリカエデ　**5**チドリノキ
6アカシデ　**7**イロハカエデ
8メグスリノキ　**9**ムラサキシキブ
10ヤマウルシ

モミ林の尾根に出て、いろはの森を日影沢に下る道は、クロモジ・ダンコウバイ・シラキ・ヤマボウシ・ウリカエデなどの低木が色づいています。いろはの森は、名のとおり頭文字に“い・ろ・は…”がつく樹木が見られます。ゆっくりと紅葉を楽しみながら下っていくと、日影沢のキャンプ場に着きます。

コーステーマ

紅葉と落ち葉の東高尾山稜

冬でも雑木林はおもしろい

歩行時間	3時間
スタート地点	京王高尾山口駅
ゴール地点	京王高尾山口駅
ルート	高尾山口→南高尾・梅の木平→東高尾山稜→四辻→高尾山口

12月の雑木林はまだ紅葉が残っています。全体には茶色がかった黄葉の林ですが、晴れた日に遠くから眺めると、黄金色に輝く林となって見えます。山地の雑木林は、薪炭林として使われてきましたが、現在は利用されず、荒れた部分も多くなってきました。それでも、東高尾山稜にはまだきれいな林も残っています。雑木林を構成する木々の種類は多く、また林床にもいろいろな野草が見られます。花はなくても、色づいた葉や落ち葉から、それぞれの木を知るのも、自然の親しみ方の一つです。

京王線高尾山口駅の近くから、甲州街道(国道20号)をはさんで高尾山とは反対側を、北から南へとのびている尾根が東高尾山稜です。植林もありますが、雑木林が多く、明るい尾根道が続いています。南高尾の梅の木平から入って、東高尾山稜に上って、尾根道を高尾山口まで戻るコースにします。

梅の木平から榎窪沢に入り、老人ホーム福寿園の少し先に東高尾山稜への登り口があります。尾根に出て左(北方)へ、尾根道を行き

観察のポイント

雑木林の木々の冬芽

雑木林は、人間の管理により維持されてきた林ですが、スギやヒノキの植林と違って、いろいろな種類の樹木からなっています。(⇒P35～樹木図鑑参照) また林の中には野草も多く見られます。

この季節、木々の種類が多い雑木林で冬芽の観察をして見ましょう。

1

2

3

4

5

6

7

8

9

10

1コナラ　2クリ
3アカシデ　4イヌシデ
5クマシデ　6ネムノキ
7コバノガマズミ　8ネジキ
9ハナイカダ　10リョウブ

ますが、ところどころ尾根が分かれているので注意しなければなりません。それさえしっかりすれば、アップダウンはあるものの楽しい尾根歩きができます。ここの雑木林で多いのはコナラですが、葉だけ見ても大きさや形がさまざまで、とても同じ木とは思えません。でもコナラはコナラ、どこかに共通点があるはずです。そんな見方で、いろいろな木々を見ていくのもおもしろいものです。

八王子JCT
中央自動車道
大月
大月、甲府
日影
裏高尾
摺差
小仏川
珈琲自家焙煎の店
ふじだな
蛇滝
300
←0:15→
東京都
八王子市
ウッディハウス愛林
森の図書館
小仏城山
いろはの森
←0:40
1:00→
福王稲荷大明神
水行道
蛇滝
たかおさ
2号路
タコ杉
4号路
浄心門
高尾自然動植物園
(サル園、野草園)
十一丁目茶屋
女坂
仏舎利塔
みやま橋
権現茶屋
男坂
3号路
スギ並木
奥ノ院
本社飯縄権現堂
展望台
ビアマウン
夏期
もみじや
一丁平、小仏城山
高尾ビジターセンター
本坊
大本堂
薬王院
もみじ台
599
細田屋
高尾山
飯盛杉
5号路
とび石
大山橋
455
高尾林道
0
1km

中央本線
駒木野
0.30
駒木野病院
病院前
八王子・新宿
荒井
八王子
ろくざん亭
落合
万忽大師
金比羅神社
表参道
金比羅台
城見台
京王高尾線
布流滝
1号路
トリックアート美術館
たかおさんぐち
高尾山口駅
さんじょう
エコーリフト
不動院
さんろく
高尾登山電鉄（ケーブルカー）
きよたき
0.15
0.20
住
東京高尾病院
6号路
ファミリーマート
聖不動明王
琵琶滝
水行道場
20
甲州街道
381
稲荷山コース
あずまや
荷山
高尾山自然研究路
込縄橋
案
内
川
1.10
梅ノ木平
相模湖、大月
三沢峠、峯の薬師
草戸山

あきる野IC
N
0
3km
東京都
八王子市
北高尾山稜
堂所山、陣場山
小下沢林道
板当峠
高ドッケ
562
547.3
杉沢ノ頭
富士見台
←0.50
0.40→
←1.10
0.50→
景信山
727
小下沢
←0.30
←0.35
0.40→
←0.30
0.40→
←0.45
0.35→
景信山登山口
中央自動車道
小仏トンネル
←0.35
0.30→
旧甲州街道
←0.15
小仏
大下
日影
裏高尾
小仏
←0.15
小仏峠
←0.20
0.25→
日影沢キャンプ場
日影沢林道
日影沢
←0.40
1.00→
城山
（小仏城山）
670
0.55→
←1.25
東海自然歩道
←0.30
0.20→
一丁平
←0.40
0.30→
高尾ビジターセンター
599
高尾山
←1.10
0.50→
大垂水峠
386
富士見台
大平林道
相模湖、大月
大垂水
神明台
宮の台
大平
大洞山
536

高尾山～小仏
松竹バス停
八王子霊園
八王子IC
霊園前
0.30
0.30
0.40
八王子城跡入口
八王子城跡
武蔵野陵
0.50
1.00
八王子、新宿
多摩森林科学園
川原宿
高尾駅
御主殿分岐
小仏関跡
中央本線
八王子JCT
駒木野
病院前
小名路
京王高尾線
北野、新宿
摺差
蛇滝
荒井
0.30
落合
金比羅台
さんじょう
エコーリフト
たかおさんぐち
高尾山口駅
蛇滝
たかおさん
さんろく
高尾登山電鉄
(ケーブルカー)
きよたき
四辻
0.15
0.20
琵琶滝
薬王院
稲荷山
初沢川
込縄橋
案内川
梅ノ木平
1.10
東高尾山稜
甲州街道
20
山下
1.20
中沢川

小仏～陣場山
醍醐丸
和田峠
←1.00
←1.30
0.25→
←0.40
陣場山
（陣馬山）
▲855
和田
陣馬自然公園センター
←0.30
0.40→
0.40→
←0.25
0.40→
←0.50
一ノ尾根
栃谷尾根
奈良子峠
奈良子尾根
陣馬の湯
矢ノ音
633
太
神奈川県
相模原市
和田
N
0
3km
中央自動車道
中央本線
20
ふじの
相模湖
大月

高尾駅
陣馬高原下
夕焼小焼バス停
東京都
八王子市
関場峠
三本松山
小下沢林道
堂所山
731
白沢峠
←0.50
1.00→
小下沢
1.10
0.50
←0.30→
底沢峠
景信山
727
←0.30
0.40
小仏
0.35
0.45
小仏トンネル
←0.35
0.30→
卍
坂沢林道
小仏峠
←0.20
0.25→
美女谷温泉
日影
大明神山
城山
(小仏城山)
670
高尾山
子孫山ノ頭
542.8
東海自然歩道
←1.10
0.50→
大垂水峠
底沢
千木良
相模湖東IC
八王子
さがみこ
神明台
宮の台

南高尾・東高尾
相模湖
大垂水
大垂水峠
386
高尾ビジターセンター
599
高尾山
卍薬王院
稲荷山
八王子
込縄橋
四辻、高尾山口駅
案内川
梅ノ木平
甲州街道
20
山下
大平
大洞山
コンピラ山
1.20
1.10
中沢峠
中沢山
中沢川
南高尾山稜
0.50
西山峠
475
泰光寺山
入沢川
高尾グリーンセンター
0.25
三沢峠
0.20
卍奥ノ院
峯の薬師卍
364
草戸山
草戸峠
東高尾山稜
大地沢林道
本沢ダム
城山湖
相模川
津久井湖
0
3km
N

高尾データブック

すみれごよみ 146
鳥ごよみ 147
高尾山薬王院行事ごよみ 148
高尾山を知るための本 150
問い合わせ先一覧 152
索引 154
参考文献・資料 159

すみれごよみ　鳥ごよみ

●すみれごよみ

種　類	3月			4月			5月		
	上旬	中旬	下旬	上旬	中旬	下旬	上旬	中旬	下旬
タチツボスミレ			●	●	●	●	●	●	
シロバナタチツボスミレ			●	●	●	●	●	●	
マルバタチツボスミレ				●	●	●			
オトメスミレ			●	●	●	●	●	●	
ニオイタチツボスミレ			●	●	●	●			
エゾノタチツボスミレ						●	●	●	
ツボスミレ					●	●	●	●	
アオイスミレ	●	●	●	●					
エゾアオイスミレ				●	●				
アケボノスミレ				●	●	●	●		
ナガバノスミレサイシン			●	●	●				
シロバナナガバノスミレサイシン			●	●	●				
ケマルバスミレ				●	●	●	●		
フモトスミレ					●	●	●		
コミヤマスミレ						●	●	●	
ゲンジスミレ					●	●	●		
ヒナスミレ			●	●	●				
フイリヒナスミレ			●	●	●				
サクラスミレ						●	●	●	
ヒカゲスミレ				●	●	●			
タカオスミレ				●	●	●			
コスミレ			●	●	●				
アカネスミレ				●	●	●	●		
オカスミレ				●	●	●	●		
コボトケスミレ				●	●	●	●		
アリアケスミレ					●	●	●		
スミレ					●	●	●	●	
ノジスミレ			●	●	●				
ヒメスミレ		●	●	●	●	●			
マキノスミレ					●	●			
エイザンスミレ				●	●	●	●		
ヒゴスミレ					●	●	●	●	
オクタマスミレ				●	●				
ナガバノアケボノスミレ				●	●	●			
スワスミレ					●	●			
フギレナガバノスミレサイシン				●	●				

●鳥ごよみ

種類	1月	2月	3月	4月	5月	6月	7月	8月	9月	10月	11月	12月
コジュケイ	●	●	●	●	●	●	●	●	●	●	●	●
キジバト	●	●	●	●	●	●	●	●	●	●	●	●
ホトトギス					●	●						
アオゲラ	●	●	●	●	●	●	●	●	●	●	●	●
コゲラ	●	●	●	●	●	●	●	●	●	●	●	●
ツバメ				●	●	●	●	●	○			
イワツバメ			●	●	●	●	●	●	●			
キセキレイ	●	●	●	●	●	●	●	●	●	●	●	●
セグロセキレイ	●	●	●	●	●	●	●	●	●	●	●	●
ヒヨドリ	●	●	●	●	●	●	●	●	●	●	●	●
モズ	●	●	●	○	○	○	○	○	●	●	●	●
キレンジャク		・	・	・								・
カヤクグリ	●	●	●								○	●
ルリビタキ	●	●	●								○	●
ジョウビタキ	●	●	●							●	●	●
クロツグミ				○	●	●	●					
シロハラ	●	●	●	・							○	●
ツグミ	●	●	○	○							○	●
ヤブサメ				●	●	●	●	○	○			
ウグイス	●	●	●	●	●	●	●	○	・	●	●	●
センダイムシクイ				●	●	●	●	○	○			
キビタキ				●	●	●	●	●	・			
オオルリ				●	●	●	●	・	・			
サンコウチョウ					○	○	○					
ヒガラ	●	●	●	●	●	●	●	●	●	●	●	●
ヤマガラ	●	●	●	●	●	●	●	●	●	●	●	●
シジュウカラ	●	●	●	●	●	●	●	●	●	●	●	●
ホオジロ	●	●	●	●	●	●	●	●	●	●	●	●
カシラダカ	●	●	●								●	●
アオジ	●	●	●	●						○	●	●
アトリ	●	●	●	○							●	●
カワラヒワ	●	●	●	●	●	●	●	○	○	○	●	●
ウソ	○	○	○								・	・
イカル	●	●	●	●	●	●	●	●	●	●	●	●
カケス	●	●	●	●	●	●	●	●	●	●	●	●
ハシボソガラス	●	●	●	●	●	●	●	●	●	●	●	●
ハシブトガラス	●	●	●	●	●	●	●	●	●	●	●	●

高尾山薬王院行事ごよみ

1

1月1日 **●新年初詣特別開帳大護摩供、山頂で迎光祭**

本堂は二年詣りの参拝客で溢れ、山頂では山伏、僧侶の読経の中、初日の出を迎える。

2

2月3日 **●高尾山節分会追儺式**

春を呼ぶ行事の一つで、かみしも姿の歳男が古式に則り開運の豆まきを盛大に行う。

初甲子の日 **●大黒天祭**

初午の日 **●福徳稲荷祭**

福徳稲荷は商売繁盛のご利益あらたかで、初午の日に福徳稲荷社において祭が行われる。

2月15日 **●涅槃会**

釈尊入滅の忌日

3

3月第2日曜日 **●大火渡り祭り**

高尾山の山伏（修験者）が年一回行う荒行。高尾山麓（祈祷殿前広場）で、災難消除、災厄消除の願いをこめた火の行（火渡り）が行われる。一般の人もこの荒行を体験することができる。

4

4月1日 **●滝びらき**（清滝・琵琶滝・蛇滝の開瀑式）

清滝・琵琶滝・蛇滝の開瀑式。高尾山には他にもいくつかの滝があるが、琵琶滝と蛇滝は水行の場である。

4月8日 **●花祭り**

仏舎利塔で行われる。

4月第3日曜日 **●春季大祭**

稚児・侍・とび職・囃子連などにより、参道でパレードが行われる。大本堂では、特別開帳大護摩供法要が厳修される。

6

6月28日 **●納札供養紫燈大護摩供**

7

7月12日 **●お施餓鬼**

7月第4日曜日 **●写経大会**

毎月一回第４土曜日に行われる写経会の大会

8

8月第3土曜日 **●峰中修行**

修験道初心者を対象に一泊で行われる。

10

10月17日 **●秋季大祭**

高尾山十一丁目茶屋から薬王院の間で、住職や山伏、稚児などのパレードが行われる。また薬王院大本堂では無病息災を祈願して護摩が焚かれる。

10月31日 **●滝じまい**

滝への感謝の儀式で、山伏は水行衣を身に纏い清滝・琵琶滝・蛇滝の三滝を順に廻り、滝に打たれこの年の水行を終える。

11

11月第3土曜日 **●峰中修行**

修験道初心者を対象に一泊で行われる。

12

12月8日 **●成道会**（釈尊が悟りを得た日）

12月19日 **●納札供養紫燈大護摩供**

12月　冬至 **●星祭り**

［資料］大本山高尾山薬王院（薬王院発行のパンフレット）より

高尾山を知るための本

高尾山は、都市に隣接しながらも自然豊かな山として、また信仰の山として、昔から多くの人が訪れている山です。それだけに、高尾山の自然や歴史に関する本(自然や歴史の調査・研究報告、自然ガイド、ハイキングガイド、写真集、絵本など)がたくさん出されています。それらの出版物の中で、私が興味を持ってきたもの、仕事として参考にしてきたもの、それに愛読しているものなどの本をいくつか紹介します。高尾山への接し方は、それぞれの方が関心のある分野によって様々ですので、ここに紹介するものには当然偏りがありますが、その点はお許しいただきたいと思います。また、報告書など非売品のものや、現在絶版のものもあります。それらの多くは、公立の図書館などに所蔵されていると思います。

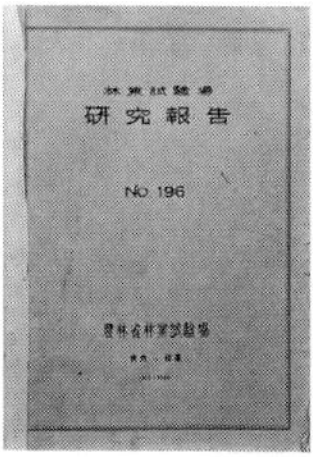

高尾山天然林の生態ならびにフロラの研究 林業試験場研究報告 No.196

(農林省林業試験場 1966)

“高尾山”という一地域に限っての自然林(天然林)の生態や植相に関し、詳しくまとめられた初めての報告書で、高尾山の森を知る上で必読のものといえます。前半は高尾山天然林の生態について、後半は高尾山およびその周辺(ほぼ都立高尾陣場自然公園の範囲)に分布する高等植物についての報告です。それから40年以上経つ現在の高尾山の森がどうなっているのかを比較する上でも、欠かせないものとなっています。この報告で“アカマツ林がやがてモミ林にとってかわられよう”と指摘したことが、現在の高尾山の森に現れています。

※この報告書は、もともと非売品で入手は困難ですが、独立行政法人「森林総合研究所」のホームページから、刊行された研究報告の要旨および全文情報(PDFファイル)として閲覧できます。

『ザ・高尾』 I 花木の随想、II キノコの誘、III 鳥と虫と獣たちの協奏曲、IV すみれの詩

(のんぶる舎 1988～89)

高尾山をフィールドとする八王子自然友の会の会員により、高尾山の植物・動物、それにキノコについて、個々にやさしく・おもしろく書かれています。

現在、絶版となってしまい、古書店で探さなければなりませんが、図書館で閲覧することができるでしょう。

『高尾山の花と木の図鑑』　菱山忠三郎

（主婦の友社 1990、改訂版2001）

高尾山から陣場山にかけて見られる植物の図鑑です。人里植物や帰化植物ではなく、高尾山の山の中で見られる代表的な植物を載せているところが、この本のすばらしさです。この本を持ち、高尾山を歩いている人をよく見かけます。

『高尾・陣馬わくわくハイク』　ぐるーぷあずまいちげ+1

（のんぶる舎 1991、改訂版1994）

高尾山から陣場山までのハイキングコースを女性たちの目から紹介しています。よく知られたメインルートだけでなく、サブルートもいろいろ紹介されているので、ちょっと違った高尾山に会えるかも知れません。現在、絶版となっていますが、古書店などや図書館での閲覧になります。

『わたしの高尾山』　高尾山自然保護実行委員会編

（アイ企画 1997）

高尾山の自然を守る運動に関わってきた、高尾山の自然を愛する人たちによって書かれた、自然観察ハイキングのガイドブックです。高尾山の自然だけでなく歴史にも触れています。この本も、絶版となっていますが、古書店などで見かけることがあります。

『高尾山の自然・文化・歴史文献資料集』

高尾自然保護実行委員会監修　（高尾山自然保護実行委員会 1999）

高尾山のすばらしさを伝えるため行われた連続講座「高尾山を世界遺産に」において、植物・野鳥・昆虫・歴史の各分野で活躍する方々が講演した内容をまとめたものです。巻末につけられた文献目録には、高尾山が主題となっている資料（1999年までの）が網羅されていて、もっと高尾山を知りたいというときに役立ちます。

『高尾山自然観察ガイド』　茅野義博

（山と渓谷社 2005）

五感を使って自然のなかへ、という自然観察ガイドシリーズの一冊です。春・夏・秋・冬それに信仰の章に分かれ、高尾の自然を楽しむガイドブックです。

『高尾山 ちいさな山の生命たち』

佐野高太郎　（かもがわ出版 2007）

地元に住む若手動物写真家の視点で見た、高尾山の写真集です。何気なく通り過ぎていた足元にも、ハッとするような小さな生き物たちの姿、自然の厳しさ…。まだまだ知らなかった高尾山がそこに広がっています。

問い合わせ先一覧

	名 称	
自然情報	東京都高尾ビジターセンター	高尾山の自然情報、登山道情報
	高尾森林センター	
	神奈川県立陣馬自然公園センター	陣場山地域の自然情報、登山道情報
交通情報	京王電鉄電車案内センター	
	JR高尾駅	
	京王電鉄高尾山口駅	
	高尾登山電鉄	ケーブルカー・リフト
	京王バス南（南大沢営業所）	小仏方面へのバス
	神奈川中央交通（津久井営業所）	相模湖駅方面へのバス
	西東京バス恩方営業所	陣馬高原下方面へのバス
	津久井神奈交バス津久井営業所	和田方面へのバス
観光情報	八王子観光協会	
	八王子市産業振興部観光課	
	相模原市観光協会	
	津久井観光協会	
	高尾山薬王院	
	高尾山サル園・野草園	
	多摩森林科学園	
	日本野鳥の会東京支部	
	夕やけ小やけふれあいの里	
	とことこ高尾山	京王グループの高尾山サイト
	高尾山商店会	
	東海自然歩道連絡協議会	

	電話番号	URL
	042-664-7872	www2.ocn.ne.jp/~takao-vc/
	042-663-6689	homepage3.nifty.com/takaosc/
	042-687-5270	
	03-3325-2121	
	042-661-6825	
	042-661-4151	www.takaotozan.co.jp/
	042-677-1616	
	042-784-0661	
	042-650-6660	
	042-784-0661	
	042-643-3115	www.hachioji-kankokyokai.or.jp/
	042-620-7378	
	042-769-8236	www.e-sagamihara.com
	042-784-6473	http://www.tsukui.ne.jp/kankou/index.html
	042-661-1115	www.takaosan.or.jp/
	042-661-2381	www.takaotozan.co.jp/monkey/
	042-661-0200	www.ffpri-tmk.affrc.go.jp/
	03-5273-5141	http://tokyo-birders.way-nifty.com/blog/
	042-652-3072	
		www.tokotoko-takao.info/
		http://www.takaosan.jp/
		http://www.tokai-walk.jp/

索引

あ

アオイスミレ……54
アオスジアゲハ……92
アオバセセリ……91
アカガシ……36
アカシデ……38
アカショウマ……80
アカネズミ……85
アカネスミレ……56
アカマツ……40
アキノキリンソウ……83
アケボノスミレ……55
アサギマダラ……64
アジアイトトンボ……93
アズマイチゲ……59
アズマヤマアザミ……69
アナグマ……85
アブラチャン……47
アマナ……59
アラカシ……36
アリアケスミレ……56
イカリソウ……79
イケマ……65
イタヤカエデ……45
1号路……18
イチヤクソウ……80
イチリンソウ……59
イナモリソウ……80
稲荷山尾根……21
イヌガヤ……41
イヌシデ……38
イヌブナ……37,42,43,46
イヌブナ林……29,31
イノコヅチ……67
イノシシ……85
イロハカエデ……40,44,45
いろはの森……23
ウスバシロチョウ……92
ウソ……88
ウバユリ……81
ウラギンシジミ……92
ウラジロガシ……36
裏高尾……22
ウリカエデ……40,45
ウリハダカエデ……45
ウワミズザクラ……37
エイザンスミレ……57
江川杉……20,32
エゾアオイスミレ……54
エゾノタチツボスミレ……54
エナガ……88
エビネ……72
エンコウカエデ……45
オオカモメヅル……65
オオガンクビソウ……67
オオハナワラビ……71
オオミズアオ……93
オオムラサキ……91
オオモミジ……40,45
オカスミレ……56
オカトラノオ……81
オキナグサ……72
奥高尾縦走路……24
オクタマスミレ……57
奥の院……108
オクモミジハグマ……82
オトメスミレ……54
オニグルミ……47,67
オニヤンマ……90

オンガタヒゴタイ 75

か

ガイドウォーク 111
景信山 26
カジカガエル 95
カシ林 29,30
カシワバハグマ 69,83
カタクリ 59
カツラ 39
ガビチョウ 88
カヤ 41
カヤラン 61
カラスアゲハ 91
カラスザンショウ 47
関東ふれあいの道 17
カントウミヤマカタバミ 77
キアゲハ 92
キキョウ 72
キクザキイチゲ 59
キジョラン 64
北高尾山稜 25
北山台杉 32
キッコウハグマ 66
キツネノカミソリ 81
キハダ 47
キバナノアマナ 59
キバナノショウキラン 62
キヨスミヒメワラビ 71
キンラン 72
ギンリョウソウ 63,80
クサギ 67
クジャクシダ 71
クズ 47
クマシデ 38
クモノスシダ 71
クロモジ 38,47
クロヤツシロラン 63
渓谷林 29,32
ゲジゲジシダ 71
ケマルバスミレ 55
ケヤキ 39
ゲンジスミレ 55
郊外気候域 102
小下沢 24
木下沢梅林 24
コゲラ 89
5号路 20
コスミレ 56
コチャルメルソウ 77
コナラ 39
コハウチワカエデ 45
コバノカモメヅル 65
小仏城山 24
コボトケスミレ 49,56
小仏層群 96
コミヤマスミレ 55
コモチシダ 71

さ

サカキ 35
サカハチチョウ 92
サクラスミレ 56
サツキヒナノウスツボ 75
サラシナショウマ 83
サワギク 80
3号路 19
サンショウ 47
山地気候域 102
山門 107

シジュウカラ……89
シモバシラ……68
シャガ……78
シャクジョウソウ……63
ジュウモウジシダ……71
首都圏自然歩道……17
シュンラン……77
浄心門……18,106
ジョウビタキ……89
照葉樹……30
常緑広葉樹林……29,30
常緑樹……30
鐘楼……107
植林……29,32
ジョロウグモ……90
シラカシ……36
シロバナオオバジャノヒゲ……75
シロバナタチツボスミレ……54
シロバナナガバノスミレサイシン……55
シロミノアオキ……75
シンジュサン……93
陣場山(陣馬山)……27,15
針葉樹……32
針葉樹林……29,32
スギ……41
杉並木……18
スズサイコ……65
スズムシソウ……72
スダジイ……37
スミナガシ……92
スミレ……56
スワスミレ……57
セッコク……61
センブリ……83
ゼンマイ……70
雑木林……29,34
草原……29
ソバナ……73

た

大師堂……108
大本堂……107
大本坊……108
ダイミョウセセリ……92
ダイヤモンド富士……105
タカオイノデ……70
高尾山……14
高尾山エコーリフト……112
高尾山ケーブルカー……112
高尾山自然研究路……16
タカオシケチシダ……75
タカオスミレ……48,49,56
高尾梅郷……22
タカオヒゴタイ……75
高尾ビジターセンター……110
タカオワニグチソウ……75
タゴガエル……95
タチガシワ……65
タチツボスミレ……48,51,54
タマノカンアオイ……72
暖温帯……28
ダンコウバイ……38,46
チゴユリ……74,78
チドリノキ……40,45,47,66
ツクバネガシ……36
ツグミ……89
ツチアケビ……63
ツボスミレ……54
ツマグロヒョウモン……92
ツヤナシイノデ……71

ツリガネニンジン 82
ツリフネソウ 66,82
ツルギキョウ 73
テイカカズラ 66
天狗社 108
テングチョウ 91
東海自然歩道 17
都市気候域 102
トラフシジミ 92
トラマルハナバチ 93

な

ナガバノアケボノスミレ 49,57
ナガバノスミレサイシン 55
ナギナタゴウジュ 82
ニオイタチツボスミレ 54
仁王門 108
2号路 19
ニリンソウ 59,78
ヌスビトハギ 67
ノアザミ 79
ノコンギク 83
ノジスミレ 57

は

バアソブ 67,73
八王子城山 25
ハナネコノメ 76
日影沢 22
日影沢林道 23
ヒカゲスミレ 56
ヒカゲチョウ 93
東高尾山稜 25
ヒゲナガオトシブミ 93
ヒゴスミレ 57
ヒサカキ 35
ヒトリシズカ 79
ヒナスミレ 55
ヒノキ 41
ヒメスミレ 57
ヒヨドリ 89
琵琶滝 21
琵琶滝水行道場 109
フイリヒナスミレ 55
フギレコスミレ 49
フギレナガバノスミレサイシン 49,57
福王稲荷大明神 109
フクジュソウ 73
福徳稲荷社 108
フタリシズカ 79
フデリンドウ 77
ブナ 42,43
フナバラソウ 65
フモトカグマ 71
フモトスミレ 55
フユイチゴ 67
ベニシジミ 91
ベニシダ 71
ベニバナヤマシャクヤク 73
ホウチャクソウ 74,79
ホウチャクチゴユリ 74
ホオノキ 37,46
ホタルブクロ 80
本社飯縄権現堂 108
ホンドリス 84

ま

マキノスミレ 57
マメヅタ 61
マヤラン 62

マルバタチツボスミレ 54
ミズキ 39
ミズヒキ 82
ミツデカエデ 45
ミツバアケビ 67
ミツバフウロ 66
南高尾山稜 25
ミミガタテンナンショウ 78
ミヤマキケマン 76
ミヤマセセリ 91
みやま橋 20
ムカシトンボ 93
ムササビ 85,86
ムヨウラン 62
ムラサキケマン 76
ムラサキシキブ 47
ムラサキシジミ 91
メグスリノキ 45
メジロ 89
メナモミ 67
モミ 41
モミ林 32
モリアオガエル 95

や

薬王院 18,106
ヤドリギ 61
ヤブカンゾウ 81
ヤブソテツ 71
ヤブツバキ 35
ヤマアカガエル 95
ヤマウルシ 39
ヤマエンゴサク 59,78
ヤマザクラ 37
ヤマシャクヤク 73
ヤマトリカブト 82
ヤマノイモ 66
ヤマブキソウ 78
ヤマホトトギス 81
ヤマミゾソバ 75
ヤマユリ 81
ユリワサビ 77
ヨウラクラン 61
ヨゴレネコノメ 77
ヨツモンカメムシ 93
4号路 20

ら

落葉広葉樹林 29,31
ラショウモンカズラ 79
ラミーカミキリ 93
リョウメンシダ 71
リンドウ 83
ルリシジミ 91
ルリタテハ 91
冷温帯 28
レモンエゴマ 75
6号路 21

参考文献・資料

- 『東京都の自然』No.1～30, 東京都高尾自然科学博物館(1973～2004)
- 『東京都の自然』東京都高尾自然科学博物館(1992)
- 『高尾山植物目録』東京都高尾自然科学博物館(1989)
- 『スミレの観察』自然観察シリーズ1
  東京都高尾自然科学博物館(1993)
- 『キクのなかま』自然観察シリーズ2
  東京都高尾自然科学博物館(1995)
- 『シダの観察』自然観察シリーズ3
  東京都高尾自然科学博物館(1983)
- 『カエデのなかま』自然観察シリーズ4
  東京都高尾自然科学博物館(1999)
- 『文化財の保護』No.7 特集・東京都の自然
  東京都教育委員会(1974)
- 『多摩の自然』No.82 特集・高尾山の自然
  八王子自然友の会(1985)
- 『多摩の自然』No.86 特集・裏高尾の自然
  八王子自然友の会(1988)
- 『多摩の自然』No.90 特集・南高尾の植物
  八王子自然友の会(1992)
- 『高尾山探訪』東京公園文庫24　滝野孝他　郷学舎(1981)
- 『高尾山・陣馬山 花ハイキング』
  いだ よう　のんぶる舎(2000)
- 『高尾・奥多摩植物手帳』　新井二郎　JTBパブリッシング(2006)
- 『るるぶ高尾山』　JTBパブリッシング(2008)
- 『わが町の歴史・八王子』　村上直他　文一総合出版(1979)

大人の遠足BOOK

高尾自然観察手帳

2009年3月15日　初版印刷
2009年4月1日　初版発行

著　新井二郎

写真協力　内山　裕(風景写真)
小林恭一(野鳥写真)
高埜登美子(ムササビ写真)
菱山忠三郎(野鳥写真)

編集人　益子幸子

発行人　江頭 誠

発行所　JTBパブリッシング
〒162-8446　東京都新宿区払方町25-5
http://www.jtbpublishing.com/

印　刷　凸版印刷

編　集　企画出版部第一編集部　長崎仁一
ADデザイン　奥谷 晶
DTP・組版・レタッチ　玉井美香子／林 智彦
地図・イラスト制作　吉田 寿（以上クリエイト・ユー）

本書の内容のお問合せは　☎03-6888-7880(企画出版部)
図書のご注文は　☎03-6888-7893(営業部)

083310　803590
ISBN 978-4-533-07489-9　C2026

掲載した地図は国土地理院発行の5万分の1の地形図を調整したものです。